一个转身
两个世界

夏如烟／著

中国华侨出版社

不是路到尽头，而是该转弯了。

序
转身，是最优雅的告别

生活中，我们常常陷入形形色色的纷争和困扰中，总是无法宁静，无法摆脱。虽然我们时常向往悠闲恬淡的快乐生活，但那颗不甘平凡的心却每每受到现实利益的羁绊和纠葛。

其实，生活总结起来不过就是无数的遇到与告别。遇到美好的，遇到丑恶的，遇到幸福的，遇到痛苦的，遇到属于我们的，遇到不属于我们的……无数的遇到编织成了我们的生活，在生命的道路上讲述着一个个或喜或悲的人生故事。

遇到，便会有告别。天下无不散之筵席，不管美好的还是丑恶的，不管幸福的还是痛苦的，不管是属于我们的，还是从未属于过我们的……当生命轨迹行至此地，便将迎来一场场华丽或低调的告别。

告别旧的，才能与新的相逢。

人生有无数的遇见，就会有无数的告别。当我们只能挥手说再见时，无须眼泪，无须悲伤，只要轻轻转身，不再回头，便是最完美、最优雅的告别。

人生无常，这一刻永远不能预见下一刻的事情，我们所能做到的，便是紧紧抓住手中的时光，将此刻活出精彩。已经离去的，便放任它而去，还未到来的，便淡然待它来。唯有懂得心宽，才能淡然迎接时光，收获人生的幸福果实。

我们之所以来到人世间，只求欢喜不为忧愁。因此，在烦恼面前、痛苦面前、悲伤面前，请学会果断转身，向着希望前行。人活一世，要学会转身，用最优雅的方式与逝去的时光告别，与悲伤和痛苦告别，永远不要沉溺于虚妄的过去，否则终其一生也不过是个生活在回忆里的人。

计较时，请学会转身，得失就如同花开花落，花开是风景，花落亦能让人动容；

悲伤时，请学会转身，穿过忧愁的巷口，我们才能重新邂逅欢喜；

冲动时，请学会转身，与危险错身而过，才有等待幸运光顾的可能；

苛求时，请学会转身，包容生活的苦痛，才能拥有生活的喜乐；

烦恼时，请学会转身，抹去眼中的泪水，才能在大千世界，寻到那良辰美景；

拖延时，请学会转身，挥别迟疑与延沓之后，青春才终将散发光彩；

执迷时，请学会转身，告别过去，告别曾经，才能拥抱未来更多的幸福；

冷漠时，请学会转身，点亮他人的心灯，方能照亮自己的天地；

浮躁时，请学会转身，扫去尘世喧嚣，悠然以对，才懂生活真谛；

奢求时，请学会转身，当欲壑不再难填，方能珍惜繁华阅尽后的幸福与从容……

目录
CONTENTS

第一章
计较时转身，得失如花落花开，都是风景

赢的人不会比较，输的人都在计较 / 003

生气是一把伤人害己的刀 / 007

想开了就是天堂，想不开就是地狱 / 010

人生不如意十之八九，不完美才叫人生 / 014

生活从不公平，与其抱怨不如适应 / 017

乐观的人看到希望，悲观的人看到绝望 / 021

不计较，在吃亏中得到 / 024

第二章
悲伤时转身，在忧愁的巷口，邂逅欢喜

告别悲观，不做悲剧的主角 / 031

转身后，我们都学会了微笑 / 034

别人的错误，不是我们的包袱 / 037

给予，让你邂逅快乐 / 041

带着笑脸，才能迎接好运 / 044

快乐不在于拥有多少，而在于能感受多少 / 046

人生四季，枯叶凋零后便是春天 / 049

第三章
冲动时转身，忍耐者就是成就者

像容忍自己一样容忍别人 / 055

退一步才能进两步 / 057

逆境能受屈，顺境才得伸 / 061

人生要能够耐得住寂寞 / 064

冲动时，请先转身 / 067

忍住一时，才能成在日后赢得成功 / 070

退一步，海阔天空 / 074

第四章
苛求时转身，包容生活就包容了快乐

包容万物，快乐多多 / 081

常怀包容之心，责人以宽为本 / 084

心有计较，常因怀疑而生 / 088

善待你的敌人，敌人就会消失 / 091

不苛求自己，不勉强他人 / 095

宽容他人就是善待自己 / 098
容人之短，才能用人之长 / 101

第五章
烦恼时转身，大千世界处处安好

万物皆有缘，不如顺其自然 / 107
是你的就是你的，不是你的也强求不来 / 110
强求不来不如随遇而安，别自寻烦恼 / 114
人生处处有选择，成功之路不止一条 / 117
把握拥有的，才能得到想要的 / 120
缘分可遇不可求，不要过分执着 / 124

第六章
拖延时转身，时间不等人

活出人间好时节，不虚度年华 / 129
百花丛中过，片叶不沾身 / 132
成功是失败之母，别在鲜花和掌声中"倒下" / 136
请挫折为你上一堂心灵课 / 140
不要让希望在拖延中流失 / 143
认为你行，你就一定行 / 146
能受教才能进步 / 150

第七章
执迷时转身，告别是为了更好地生活

放下欲求万千，点亮心灯一盏 / 157
活在欲海之中，想开看开不强求 / 159
闲名破利如风尘，放下皆空 / 162
你可以拥有金钱，但绝不能被金钱拥有 / 166
一念生迷作茧自缚，一念放下即是解脱 / 169
人生如棋，要学会弃卒保车 / 173

第八章
冷漠时转身，关爱让生命变暖

善恶存乎一念间 / 179
以爱为火，为他人点亮一盏心灯 / 182
慈悲之心无大小，罪恶之念无轻重 / 185
善解人意，也是慈悲 / 189
施与的可贵不在钱财，而在一颗慈悲之心 / 193
舍己度人，善莫大焉 / 196
莫要把"毒药"洒进自己的心里 / 198

第九章
浮躁时转身，给喧嚣一个淡定的回眸

境由心造，内心安宁便不存在烦恼 / 205
以平常之心态，面对一切平常之事 / 208
除却心头之火，练就淡定人生 / 212
没有谁可以令你愤怒，除了你自己 / 215
不要太把自己当回事 / 219
荣华富贵都是过眼云烟 / 223
甘拜人为师，勿好为人师 / 227

第十章
奢求时转身，当繁华落尽，唯有珍惜

感谢生活的每一次馈赠 / 233
珍惜今天，就是珍惜自己 / 236
生命只在呼吸间，活着就是福气 / 240
你所拥有的，才是真正的财富 / 243
知足是幸福的起点 / 246
时时惜福，生活在不抱怨的世界里 / 250
珍惜当下，精彩每一个瞬间 / 254
不是幸福太少，而是你不懂把握 / 258

第一章

计较时转身
得失如花落花开，都是风景

人生的内涵,在于得失的均衡。人的错误,在于总是看重失去。有花落就有花开,转身,让人生更丰富。

赢的人不会比较，输的人都在计较

纷争往往正是源于人与人之间的比较和计较。

只有做到人我之上不比较、是非得失不计较，顺其自然，

才是真正的人生赢家。

人生种种烦恼的根源不外乎"比较"与"计较"。襁褓中的婴孩用触觉来比较谁给予的疼爱更多，谁给予的疼爱较少，继而借哭声来表达自己的计较；稍微大些的孩子上学读书之后，便又开始比较谁的分数高，谁的成绩好，继而逐渐开始计较老师是否偏心；长大成人，踏入社会之后，人的比较之心就更强烈了，比较谁的待遇好，计较老板是否公平；甚至在家庭中，也总免不了与亲人比较谁分得的财产多，计较父母是否偏爱，遗嘱是否公正等。

当比较与计较愈演愈烈之际，一切纷争也将应运而生。家庭中，比较和计较往往可能致使兄弟反目、骨肉相残，就如历史上的八王之乱、七国之争等，莫不是由比较、计较而起；事业上，比较和计较则可能让人走上歪路，甚至衍生罪恶，如历史上的党锢之祸、东林党争等。

一位先生曾说过这样一句话："在大自然的世界里，树木因为承受风吹雨打，所以浓荫密布、众鸟栖息；海水因为不辞百川，所以宽广深邃、水族群集。人，也唯有秉持'不比较，不计较'的胸怀，才能涵容万物，罗致十方。"

兰德的父亲文诺是当地一位著名的眼科医生，在贫民区建有一家私人诊所，很受人们爱戴，其他国家的患者也常常慕名而来。兰德一直把父亲当作自己的榜样，为此努力学习医术。

当地有个著名的富豪，名叫马尔盖。马尔盖家族是世袭勋爵，在当地很有名气。很快，马尔盖在贫民区创建了一所医院。本来这是件好事，但马尔盖却视文诺的小诊所为眼中钉。因为文诺的医术高超，人们都愿意去他那儿看病，这就导致了马尔盖的医院没有办法兴隆起来。

这时，有人建议请文诺来马尔盖医院主持眼科，这样就避免了两家的竞争，但马尔盖最后竟以老文诺没有文凭而将其拒之门外。老文诺气愤至极，竟一病不起，最后抑郁而终。

兰德为此一直对马尔盖怀恨在心。几年后，18岁的兰德以优异的成绩考进了全国顶级的医学院，毕业之后，他拒绝了马尔盖的邀请，而是接管了父亲的小诊所，与马尔盖的医院对干起来。

就是在这个小诊所里，兰德发愤研究医理，28岁就获得了医学博士学位，他的医术更是轰动了整个国家。这样一来，马尔盖的医院又遭受到了排挤。年老的马尔盖见到这幅情景，悔不当初。

偏偏就在这时马尔盖的小女儿约瑟芬得了眼病，所有的医生都束手无策，眼看女儿的视力一天比一天弱，马尔盖只得请求兰德为女儿医治。没想到，兰德不计前嫌，马上为约瑟芬安排了手术。这次手术非常顺利，兰德得到了马尔盖全家人的尊重，为此他的名声变得更大了。最后，他放下仇恨，关了小诊所，做了一名医学院的教授。

在"家仇"面前，兰德选择了不计较过去，及时挽救了马儿盖的女儿约瑟芬，没有让"冤冤相报何时了"的悲剧重演。试想，假如兰德不替约瑟芬治疗，故事的结局又会如何呢？或许两家的冤仇会越结越深，或许兰德会被冠上"见死不救"的坏名声。但无论哪个结局，对于兰德和马尔盖而言，显然都不会是幸福的。不计较是人生的一种豁达、一种释然，只有将心放宽一点，人生才能走到最终的幸福。

当计较之心驾驭了人的灵魂时，仇恨与痛苦将会筑起一道高墙，从这一刻起，计较者就为自己判了无期徒刑。计较是人灵魂的监牢，只有把心放宽一些，忘记计较，不随便比较，人们才能随缘自在，任性逍遥。

从前，有个卖艺的人，他每日只靠卖艺挣得一百个铜钱，之后便收摊回家，再不劳作。长此以往，虽然他的日子过得简单、清苦，却怡然自得。

一天，卖艺人收摊回家之时，迎面碰到时常向左邻右舍炫耀自己财富的财主。财主看到卖艺人穿着寒酸，又开始趾高气扬地炫耀他的财富。

卖艺人本不打算理他，但见他没有走的意思，便不以为然地问道："你家里有多少金子？"

财主神气十足地说："我家里的金子多得数不胜数。那些金子堆积起来，闪闪发光，真是美妙绝伦啊！"

卖艺人笑了一下，装出神秘的样子说："你别在我面前神奇了，你可知道我家里有一个比你家的金子更加光彩夺目的宝贝？"

财主半信半疑，问道："你家有什么宝贝，能比我的金子更光彩耀人的？"

卖艺人这时故作玄虚地靠近财主的耳朵说："你今天晚上带一块金子到我家来，到时我们就比一比，到底是你家金子亮，还是我家的宝贝闪！"

到了晚上，财主应邀带着一块金子来到卖艺人家里。卖艺人当时正点着油灯吃饭，财主便性急地问道："你家的宝贝在哪儿啊？快快拿出来！"

卖艺人不紧不慢地说:"莫要着急,待我吃完饭再告诉你!"

等到卖艺人吃完饭,收拾完毕后,财主又开始急切地催促起来。

这时卖艺人说道:"我得先试一试,看你的金子能不能在黑夜里发光,然后我再亮出我的宝贝!"

财主立刻得意扬扬地掏出金子,卖艺人旋即吹灭了油灯,房间里顿时一片黑暗,伸手不见五指。

卖艺人笑了一下,说道:"看吧,你家的金子就算再光彩,也不能在黑夜里发光,它哪里比得上我家的宝贝!"

财主慌忙问道:"空口无凭,你家的宝贝呢?快拿出来瞧一瞧!"

卖艺人说道:"它不就在你眼前吗?"

正当财主丈二和尚摸不着头脑时,卖艺人点燃了那盏油灯,有些冷嘲热讽地说道:"你满眼里净是些金山铜臭,怎么会看得见我家里这个宝贝呢!"卖艺人拿起油灯接着说:"我家这盏小油灯,虽然不及你家的金子值钱,但它在这黑夜里却比你家的金子有用多了!一个人不能为钱而生活,我尽管没你那么有钱,但我心里却比你富有得多。我每天生活得很快乐,而你天天为钱而挣钱、为虚荣而炫耀,内心狭隘,又怎能有幸福的人生!"

财主若有所悟,灰溜溜地走了,从此再也不夸耀自己的钱财。

物尽其用,美好之物!人尽其心,美妙人生!世上的东西很难说清什么最有价值,当它被利用在最合适的时候,自然就价值连城。世上的人也是一样,很难比较谁最富有,不论贫贱,只要他能用心地生活,不计较任何得与失、富与贵,那么他就是最富有的。赢的人从不比较,因此才能专注于自己的幸福;输的人却都在计较,因此才会忽略自己的所有,为心灵画地为牢。

生气是一把伤人害己的刀

人生如同一条荆棘道，我们行走其间，只要心不动，
人不妄动，则不会被荆棘所伤。
但若心动，引致人妄动，则会被荆棘刺得遍体鳞伤，
体会到世间的诸多痛苦！

生气是一种无知，更是一种蠢行。生气不但伤害别人更会伤害自己，就如往自己的心头钉钉子，即使钉子拔了出来，可是伤口却永远留在了那里。

漫漫人生路上，每个人都不可避免地会遇到许多不平之事。比如，因为某件事遭到人们误解，备受委屈；眼看着能力不及自己的人却能找到一份好工作；好不容易得到一个发展的机会，却让小人捷足先登；从不曾伤害别人，却要每天遭受各种各样的流言蜚语；一心向善却遭到好朋友的背叛和出卖……诸如此类的不平之事总是层出不穷，扰人心智。

有个故事是这么说的：有一个人晚上做了个梦。在梦中，他看到一位头戴白帽、脚穿白鞋、腰佩黑剑的年轻壮士，大声地斥责他。年轻的壮士一边用手指着他的鼻子臭骂他，一边还向他的脸上吐口水，做梦的人吓得立即从梦中惊醒过来。

第二天，这个人越想越觉得心里不痛快，生气地对朋友说："我自小到大从未受过别人的侮辱，但昨夜梦里却被人骂了个够，还被人吐口水，实在是很不甘心啊，我一定要把梦里那个人找出来，否则还不如一死了

之。"自此之后，他每天一早起来，便愤恨地站在熙熙攘攘的十字路口，仔细盯着来往的路人寻找梦中的敌人。一连几个月过去了，他始终找不到这个人。后来，怒气难平的他精神一天比一天差，最后竟真的自杀了。

这个故事听起来十分荒诞，哪会有人真的因为梦中遭人恶骂就去自杀的啊！但仔细一想，在生活中，确实存在许多这样的人，总会因为一些鸡毛蒜皮的小事而气愤难消，愤愤不平，甚至与人大动干戈、大打出手，造成不可挽回的恶果。

中国有句古话说得好："九层之台，起于垒土；千里之堤，溃于蚁穴。"很多时候，事情虽小，却富有很强的杀伤力。如果连这些小事情都不能释怀，那么何谈幸福，何谈收获人生？

年轻漂亮的鲍小姐研究生毕业之后顺利进入了一家大企业工作，由于能力出众，很快得到上司的赏识，一跃成为公司新拓展项目的负责人。

鲍小姐的平步青云自然引起了一些老员工的不满，不久之后，公司便有了一些风言风语，暗指鲍小姐利用自己的年轻漂亮作资本，讨好年过五旬的上司，一出出香艳暧昧的故事被描述得惟妙惟肖。面对众人暗地里的指指点点，鲍小姐又委屈又气愤，甚至好几次差点与同事大打出手。在这种坏情绪的影响下，鲍小姐的工作也频频出现纰漏，险些给公司带来不可估量的损失。终于，不堪重负的鲍小姐向上司递出了调动申请，主动要求辞去项目负责人的职位。

上司将鲍小姐递交的调动申请放在了办公桌上，不说同意也不说不同意，而是漫不经心地说道："昨天夜里我家地下室爬进了一条蛇，那条蛇在地下室里爬啊爬的，就爬到了我随手丢在地上的一把锯子上头。锯条很锋利，把蛇的皮给擦破了。虽然那不过是条很小的伤口，但这条蛇却很生气，认为锯子在攻击它。于是，这条蛇愤怒地进行还击，咬了锯条一口，没想到嘴也被锯条给划破了。这条蛇更生气了，又再次对锯条发起攻击……你知道最后怎么样了吗？"

鲍小姐听着上司的话，疑惑地摇了摇头，上司笑了笑，接着说道："结果第二天早上，我看到我的地下室里，那条蛇死在了锯子旁边，锯条上沾满了它的血。"

故事讲完了，鲍小姐若有所思地想了想，对上司鞠了一躬，收回了自己的调动申请。之后，对公司沸沸扬扬的流言蜚语，鲍小姐都一笑置之，既不争辩，也不生气，久而久之，流言也就逐渐淡去了。

一年后，鲍小姐负责的项目投入市场，取得了巨大成功，当初那些诽谤质疑她的声音，也早已销声匿迹了。

生活中，并不是所有事情都能尽如人意，当拦路的"锯条"将我们划伤时，与其费尽心力和它拼个你死我活，不如一笑置之，顺其自然，让时间去证明一切。这种行为不是软弱，更不是逆来顺受，而是一种理智和睿智，一种淡定与随和。正如鲍小姐的遭遇一般，在面对令人委屈愤怒的流言蜚语之际，与其把时间浪费在追求真相或为自己辩解上，还不如踏踏实实地把自己的事情做好，当鲍小姐用成功证明了自己的能力之时，流言自然也就不攻自破了。

大作家契诃夫曾说过："若是火柴在你的衣袋中烧起来，那你应该高兴才是，而且要感谢上苍，幸亏自己的衣袋不是火药库；若是你的手指不小心被别人扎了一下，那你也应当高兴，幸亏这根刺不是扎到自己的眼睛里了；要是无意中被人踩了一下，那你应当高兴，幸亏不是被汽车轧了一下。"人生不如意之事十之八九，遇到不平之事，没必要怨天尤人浪费时间，更不需大发雷霆或自暴自弃。生气是一把双刃剑，在伤害别人的同时也在伤害自己，《黄帝内经》中说"怒则气上，喜则气缓，悲则气结，惊则气乱，劳则气耗"。这就是说，一切病因都源自于生气。现代医学也发现，人有70%~90%的疾病都与心理有着极大的关系。一个人的心态不好，时常爱生气会损伤人体的免疫系统。人生在世不过就是那么短短数十年，何必非要让生气来占据自己的生活，浪费自己的生命呢？人活于世，就仿佛行走于荆棘丛生的林中，只要你的心不为所动，身便不会妄动，也就不会被荆棘所伤。可惜的是，大多数人看到荆棘，便会肆意妄动，于是荆棘深入其骨，令人痛之又痛。

想开了就是天堂，想不开就是地狱

不是某人使我烦恼，

而是我拿某人的言行来烦恼自己。

中国有句古话："世上本无事，庸人自扰之。"对此，西方人也有一句名言："同一件事，想开了就是天堂，想不开就是地狱。"人生中的很多烦恼，多半来自于人性自身的自私、贪婪，或是心灵滋生的妒忌、攀比，以及人自己对自己无休止的苛求，归根结底，烦恼的滋生与他人无关，全在于自己的内心。

在古老的西方国度，生活着一位名叫爱地巴的年轻人，他有个非常特别的习惯：每当与别人有了争执或感到气恼非常的时候，就会去绕着自己的房子和土地跑三圈。这个奇特的习惯伴随了爱地巴一生，很多年之后，当爱地巴垂垂老矣，他的房子和土地也已经十分广大，他却依然保持着这个特别的习惯。

一天，爱地巴和别人发生了争执，他依旧像从前那样，拄着拐杖颤颤巍巍地绕着自己的房子和土地开始行走，等走完三圈的时候，太阳都已经快落山了，爱地巴也累得气喘吁吁，坐在田边休息。这时，爱地巴的小孙子跑到了他的身边，好奇地拉着他的手问道："阿公，为什么你每次不开心，就要绕着房子和土地这么辛苦地走呢？"

爱地巴笑着摸了摸小孙子的头，说道："年轻的时候阿公很穷，每次烦恼生气，就会去绕着自己小小的房子和土地跑三圈，一边跑，心里一边想着：你看看，你的房子这么小，土地这么少，不好好工作，哪里还有时间去烦恼，去和别人置气啊？每次这么想完，阿公就不烦恼也不生气了。"

听完爱地巴的话，小孙子又疑惑地问道："可是现在阿公有很大的房子，很大的土地，为什么还要辛苦地绕着房子和土地走呢？"

爱地巴眯着眼睛看了看自己的房子和土地，接着说道："因为现在阿公依然还是会烦恼，会生气。每当这个时候，阿公就会绕着房子和土地走，一边走一边在心里告诉自己：你啊，都已经有这么大的房子和这么多的土地了，何必还要去和别人斤斤计较呀！想到这里啊，阿公也就不恼、不气了。"

一个人是否快乐，不在于他拥有什么，而在于他不会自生烦恼。当爱地巴贫穷的时候，他告诉自己，没有时间去烦恼，因此他获得了快乐；而当爱地巴富有的时候，他则告诉自己，没有必要去计较，因此他同样获得了快乐。人生在世，不可能事事顺心遂愿，只不过有的人善于寻找快乐，而有的人却只会在烦恼中苦苦挣扎，因而造就了截然不同的人生。

大文豪托尔斯泰曾说过："大多数人想改变这个世界，但却极少有人想改造自己。"因此，大多数人都是不快乐的，他们以为世界便是地狱，而身处于地狱之中，又怎会有幸福可言。殊不知，当你换个角度，从改造自己开始之际，便会发现，境由心造，真正的地狱存在于你的内心，同样地，真正的天堂，也只有你能为自己建造。

每天清晨醒来，先想想一天要做的事有多少是有益的，而后满怀信心地去迎接这一天的开始，在工作和生活中逐步享受这个过程。当一天结束后，你便可以安心地躺下来，享受剩余的时光。至于明天，那还很遥远，等它来了再去考虑也为时不晚。这样一来，在你的纯主观意识里，就会生出一种心灵的满足感，如此烦恼又从何而生？

一位大富人家的太太生病了，夜夜失眠，浑身乏力，不管多美味的菜肴都不能激发她的食欲，不管多有趣的事情也难以引起她的兴趣。这位太太去了很多医院检查，但却始终找不到生病的缘由。

一天，家里来了一位客人，这位客人是个有名的中医，在得知了太太的情况之后，便主动提出为太太把脉，太太自然欣然应允。把完脉之后，客人微微一笑，对太太说道："您这样的症状只是体有虚火，没什么大碍！"顿了一下，客人接着又说："太太，不知是否能把你心中的烦恼都告诉我。"听到客人的话，太太犹豫了片刻，这才把心中一直藏着的烦恼一一向客人倾诉。

听完太太所说的烦恼，客人便十分随意地与她聊了起来："请问您和先生感情怎么样？"

太太此时脸上面带笑容，说道："感情很好，一起生活十几年，从来没有发生过争吵。"

客人又问:"那两位有没有孩子?"

太太脸上又露出了笑容:"有一个女儿,性情乖巧聪明,十分懂事。"

客人接着问:"那家里的生意有问题吗?"

太太连忙摇头说道:"不,不,没有问题,家里生意很好。"

这时,客人拿出纸笔,将太太的烦恼写到左边,将快乐之事写到右边。最后,客人把写满字的这张纸放在太太面前,对她说道:"这张纸就是治病的药方。您只是把左边烦恼之事看得太重,从而忽视了右边的快乐。"

这个世上有太多的烦恼,因为这些烦恼,许多本来可以成为天才的人却做着极其平庸的工作;也因为烦恼,很多人把大量的时间和精力耗费在了无谓的事情上。世上没有一个人因为烦恼而得到幸福,也没有一个人因为烦恼而改变命运。相反,烦恼却会随时随地附着在人们身上,进而损害人们的健康,消磨人们的意志,扰乱人们的思想。最后,身陷其中的人们又不得不大费周章地寻求解脱的办法,从而陷入恶性的循环,造就失意的人生。

当我们为苦恼之事不知所措时,解脱的办法其实就在身边。为此,只要记住三条即可:不要拿自己的错误惩罚自己;不要拿自己的错误惩罚别人;不要拿别人的错误惩罚自己。只要做到以上三条,那么你的人生就没有那么多的烦恼了。

哲人说过,不是某人使我烦恼,而是我拿某人的言行来烦恼自己。其实,世人心中的烦闷苦恼只不过是自己的一种执着,而能够解脱自己的就只有自己。若是想不开,拥有得再多也是枉然,若是能想开,失去得再多也能找到天堂。每个人都是带着哭泣来到这世上的,虽然不易但也都是幸运的。既然这样,不妨试着将心放宽一些,如此烦恼便不会轻易找上门。

人生不如意十之八九，不完美才叫人生

春有百花秋有月，夏有凉风冬有雪；
若无闲事挂心头，便是人间好时节。

金无足赤，人无完人，很多人都有残缺，也有很多人因为自己的残缺，而觉得痛苦异常。有的因为个子矮而自卑，有的因为出身贫贱而不满，有的因为生不逢时而怨天尤人。其实，这些人往往只看到缺陷，而没有发现瑕疵其实也是人生的一部分。

常言道，人生不如意十之八九，人生正是因为不完美才变得更加精彩。断臂维纳斯的雕像，其实断臂并不是雕塑家的初衷，只因为从地下挖掘出来时无意中碰断了。然而，人们却惊奇地发现，断臂后的维纳斯竟是如此之美，而这种美恰恰就是来自于她的残缺。要知道，失去也是一种得到，正是缺憾给人留下了追求和完善的空间。

古时候有一位非常有学问的老人，他有两个得意弟子。这两个弟子都非常博学且聪明，老人一直希望能从中挑出一个合格的继承人。

有一天，老人想了一个办法，他把两个弟子叫到跟前，对他们说道："你们出去到外面，替我找一片世界上最完美的叶子回来吧。"接到这个奇怪的命令后，两个弟子虽然感到疑惑，却也不敢多问，赶紧出去替老师找叶子了。

过了不久，大弟子回来了，他把一片叶子递到老人手中，说道："老

师，我不知道这片叶子是不是世界上最完美的，但它是我出门看到的第一片最完整的叶子。"

二弟子呢，一直到天黑才回来，回来的时候却是两手空空，他对老人说道："老师，我看到了很多很多的叶子，但我实在不知道，哪一片才是世界上最完美的叶子。"

最终，这位智慧的老人家选择了大弟子作为自己的继承人。

人们的初衷总是最美好的，但如果不切实际一味地寻找完美，往往就会像二弟子一样两手空空。世间许多悲剧，正是因为一些人热衷于追求虚无缥缈的完美而开始的。他们忘记了，完美不是一种既定的现象，而是一种日臻完善的追求过程。老人让两位弟子前去寻找世界上最完美的叶子，正是为了测试他们面对人生的不完美时，是否能够欣然接受。

其实，追求完美并不为过。人类社会不能没有对完美的追求与渴望，人只有主动去追求完美，不断接近完美，才能始终保持进步的状态。但这种完美不能太过分、太强烈，否则将会让我们在过分的执着中遗忘身边的美好。如此，生命又怎能快乐？

人生处处都存有遗憾，真正十全十美的人是不可能存在的。如果人们不能了解这个道理，而苦闷于追求"完美"之中，那就很有可能会给自己带来无尽的烦恼，留下更多的遗憾。试想，假如一个人做事过分追求完美，可是又达不到完美，久而久之，这样的结果必然会让人痛苦不堪。更有很多时候，做事太苛求完美，反而会违背自然、破坏和谐，导致人们离完美更远。

曾经有一位国王，非常宠爱他的一个妃子。这个妃子是个美若天仙的绝代佳人，为此国王将她封为王后，二人终日沉浸在只属于他们的爱情世界里。然而，好景不长，不到一年时间，美丽的王后就得了急病。心急如焚的国王便请了全国最好的医生，但是最后还是没能留住她的生命。

王后死后，国王悲痛欲绝，为了表达自己的爱和思念，他为王后举行了盛大的葬礼，还将王后的棺椁停放在离王宫不远的灵殿里，每日都要前去祭拜。几天过去了，国王突然发现灵殿周围的环境十分不好，配不上王后的绝色美貌，于是重新改建了一座精美的花园。

又过了一段时间，国王觉得新建的花园还是配不上王后的美貌，不能尽情表达自己对王后的思念，于是又在花园的旁边修建了一座美轮美奂的人工湖，想让王后的灵魂可以泛舟碧波。湖建好之后，国王又觉得缺少点睛之笔，于是又叫人在各处建造亭台楼阁。

可是，国王还是不满意，又请了手艺精湛的塑造师雕刻石塑，安放在园林各处。接着又把世上最美好的诗篇铭刻在石头上，但是国王依旧不满意这个人工园林，于是想方设法地完善它。

就这样，一年一年过去了，国王花费了大量的精力和财力不断扩充和完善这座无与伦比的园林。直到三十年后，老态龙钟的国王还在思索如何让园林变得更完美，但总也找不到缺憾。最后，国王把目光投向了王后的棺椁上，他注视良久，挥了挥手说："把它搬出园林！"

此后，国王终于觉得这座园林完美了。

国王建造园林的目的本来是想让王后的灵魂有所栖身之地，可笑的是，最后却因为过分追求完美而让王后搬出了园林。追求绝对的完美，只会让人们在做事的时候迷失自己的方向，从而偏离做事的本来用意，最终导致更多的遗憾。

有一首诗，开头两句是：春有百花秋有月，夏有凉风冬有雪；若无闲事挂心头，便是人间好时节。春天除了百花芬芳也有荆棘杂草；秋天除了清风明月还有万物萧条；夏天的凉风虽然好，却挡不住蚊虫肆虐；冬天的雪景虽然圣洁美丽，却难掩刺骨的冰寒。但诗中却只描绘了四季的美好，而并没有将目光停留在那些不尽如人意的地方，于是在诗人的眼中，人间四季每个季节都是最好的时节。人生也是如此，凡事往好处想，往好处看，把心放宽一些，容忍一些不完美，那么人生就会因知足而自得其乐。

生活从不公平，与其抱怨不如适应

一个人有勇气以一己之力对抗成千上万的敌人自然勇猛，
但实际上却如同蚍蜉撼大树一般，不会取得任何成绩。
倒不如战胜自己的烦恼，不断超越自我，提升自己的价值。

英国作家萨克雷说过："生活就像一面镜子，你笑，它也笑，你哭，它也哭。"感恩生活，生活同样会赐予你灿烂的阳光；埋怨生活，生活也将给你失败的阴霾。生活总是不公平的，埋怨它还不如学着摆正心态，适应它、接纳它。

在人的一生中，难免会遇到许多不幸，逃避能躲一时，却不可能躲一世。那么，对于不可避免的事实，我们应当如何来应对呢？最好的方法就是顺其自然，就如诗人惠特曼曾说过的那样："让我们学着像树木一样面对黑夜、风暴、饥饿、意外与挫折,让一切顺其自然。"

已故的美国小说家塔金顿常说:"我可以忍受一切变故,除了失明,我绝不能忍受失明。"然而,命运却给他开了个大大的玩笑,就在他60岁的时候,他的眼睛逐渐模糊起来,当他望着地毯,却分不出地毯上的图案时,他的心沉入了谷底。忐忑不安的塔金顿去看医生,最终得到了残酷的宣判:他的一只眼睛几乎全瞎了,另一只眼睛也将接近失明。他一生中最恐惧的事情竟然真实发生了。

面临这失明的痛苦,塔金顿竟出乎意料地镇定,他没有抱怨自己的人生,也没有因为这可怕的遭遇感到绝望。令人惊讶的是,塔金顿倒十分愉快,而且还时常拿自己越来越差的视力开玩笑。当他眼前的浮游斑点游来游去阻碍他的视力时,他会幽默地说:"嘿!今天是个大家伙,不知道这家伙这么早要赶着去哪儿呢?"

很快,塔金顿的双眼完全失明了,但塔金顿对此似乎并不在意,他说:"瞧!我早就已经接受了这个事实,现在的我完全可以面对任何状况。"后来,他听说自己的眼睛经过手术还有望恢复视力,便积极配合治疗。

为了恢复视力,塔金顿曾在一年内接受过十二次以上的手术。每一次手术,塔金顿都只是局部麻醉,而塔金顿从来不会抗拒,因为他了解这是手术必需的,是无法逃避的,唯一能做的就是坦然地接受。

在接受治疗期间,塔金顿放弃了私人病房,与同病患者一起住在大众病房。他想通过自己的幽默,让大家变得高兴一点。当他接受手术时,还会提醒自己是何等幸运,并高兴地对大家说:"瞧!这是多奇妙的一件事啊,医学已进步到连人眼如此精细的器官都能动手术了。"

一年接受十二次以上的眼部手术,并忍受失明之苦。这若是放在普通人身上，可能早就精神崩溃了。但塔金顿却说："我从来没想过用快乐的经验来替换这次的体会。"

是的，正像塔金顿说的，这样的体验不是每个人都有幸能经历的，他因此学会了接受，并相信人生没有任何事会超过他这次的容忍力。约翰·弥尔顿评价说，这样的经验教会了塔金顿一个道理，即"失明并不悲惨，无力容忍失明才是真正悲惨的"。

没错，如果我们没有办法改变这个世界，那不如改变自己来适应这个世界。

接受现实，适应不幸，并不等于在不幸面前束手就擒。真正的勇士敢于抗争，但更勇于接受和面对残酷的现实。当然，如果还有任何挽救的机会，我们自然应该为此奋斗。但是，当情势已经无法挽回的时候，我们能做的不是喋喋不休地抱怨，而是接受并适应这个不可避免的事实，而后以积极的心态规划以后的人生，只有这样，才能迎来幸福和快乐的未来。

非洲的一座火山突然间爆发了，随之而来的是泥石流狂泻而下，并迅速流向山脚下不远处的一个小村庄。顿时，农舍、良田、树木，一切的一切都惨遭泥石流的肆虐。这时，滚滚而来的声响惊醒了一位尚在睡梦中的小女孩，这名14岁的小女孩还没来得及逃脱，流进屋内的泥石流就已经淹没到她的颈部。泥石流终于停止了滚动，被泥石流掩埋的小女孩只露出双臂、颈部和头部。

此刻，房屋早已倒塌，小女孩的双亲也被泥石流夺去了生命，小女孩也成了村里为数不多的幸存者之一。这时，赶来的营救人员发现了这名小女孩，可是小女孩的状况却令营救人员一筹莫展。因为前几次的拉扯，都使得小女孩伤上加伤。无疑，这样的拉扯对于小女孩来说是一种更大的肉体伤害。

　　时间一分一秒地过去了，营救人员始终束手无策。当记者把摄像机对准小女孩时，她竟没有喊出一个"疼"字，而是咬紧牙关微笑着，并用两支手臂做出表示胜利的"V"字形，以示对营救人员的致谢。这名小女孩始终坚信救援人员一定能救她出去，但悲剧还是发生了，最终营救人员也没能从泥石流中将小女孩救出。直至生命的最后一刻，小女孩还在微笑挥手，一点一点被蠕动的泥石流淹没。

　　那一刻，在场的人们含泪目睹了这庄严而又悲惨的一幕，心里都充满了悲伤和怜悯，小女孩微笑的脸庞以及她摆出的"V"字形手势，征服了全世界。

　　对于小女孩来说，命运是不公平的，年仅14岁的她就遭此横祸。虽然直到最后，小女孩也没能逃脱厄运，但她却坦然接受了这一事实，用自己的微笑表达了对人生、对命运的最后敬仰。

　　人生在世，很多事情都是我们不可控制的，也许能长命百岁，寿终正寝；也许中途便遭遇横祸，死于非命。但无论如何，只要满怀欢喜，坦然接受既定的命运，那么你的人生就是幸福并有价值的。

　　生活确实从来都没有公平可言，从一出生开始，人的命运就只有一半掌握在自己手中，而另一半，世界早有安排。但即便如此，我们依然可以利用紧握在手中的那一半，让自己活得了无遗憾。在面对生活中的不公平时，与其抱怨，不如尽量放宽心，尝试去改变它、适应它，在苦难中活出精彩。

乐观的人看到希望，悲观的人看到绝望

幸福与痛苦不过就在一念之间，
只看你心中眼中念的是什么。

希望之于绝望，往往只有一步之遥。在漫漫无边的黑夜里，悲观的人看到的是难耐的恐惧，乐观的人看到的却是天幕中的璀璨星辰。世上没有绝望的处境，只有失去希望的人。希望就藏在绝望背后，只要你心中尚存有一丝希望，那么就一定能迎来奇迹。

相传，在古老的东海岸，有一座小村庄，村民全靠出海打鱼为生，生活虽然简单朴素，却也怡然自得。村里有两个渔民，分别叫张三和李四，这两个人每天做梦都想摆脱渔民的生活，成为大富翁。

一天夜里，张三做了一个奇怪的梦，梦里有个仙人告诉他对岸岛上的一片空地上有99株朱槿树，有红花的那一株下面就埋藏着一坛黄金。第二天醒来，张三满心欢喜地驾船去了小岛，岛上一切景色果然如梦中所说。张三欢喜非常，日日盼望着春天的到来，这样便能找到那株开红花的朱槿树。

转眼，春天来了，99株朱槿树全都盛开。放眼望去，全都是嫩嫩的淡黄色，张三找来找去，也没有见到开红花的朱槿树。于是，他只好垂头丧气地回去了。

李四听说这个消息后，也驾着小船来到岛上，他发现岛上果然没有开

红花的朱槿树。然而，他并没有放弃，因为岛上99株朱槿树印证了张三的梦。于是，他决定继续留在岛上。就这样，李四从秋天一直等到了第二年的春天。在来年春风的吹拂下，朱槿花再次凌空开放，一株盛开着鲜红花朵的朱槿树赫然独立。李四激动万分，果然在那株朱槿树下挖到了一坛黄金，成了大富翁。

梦中仙人从来没有说过红色朱槿花是在第二年春天出现，但张三没有耐心等待，在遭受一次失败之后，就放弃了希望。李四却始终坚持，最终找到了红色朱槿花，找到了原本应该属于张三的黄金。

一位哲学家说过，人生绝望的那一刻，往往是新希望的开始。一切危急的尽头，也往往暗藏转机。正所谓"山重水复疑无路，柳暗花明又一村"，说的正是这个道理。只要心灵永不干涸，摆正心态，就能看到光明和希望。

一次贸易洽谈会结束之后，一个小伙子和公司总裁一同回往住处——一家高级酒店的第38层楼。乘观景电梯上楼的时候，小伙子低头一看，顿时感觉头晕目眩，赶紧又抬起头看向天空。总裁看到小伙子的异常，关心地问道："怎么了？是不是有些恐高？"

小伙子点点头说道："我确实有些恐高。我家在农村，上小学的时候，每天都会路过一座小石桥，每到下雨天，山洪暴发，洪水就会将桥淹没。那时，我们就赤着脚，踏在水中，一步一步地踩着过桥，咆哮的湍流就在我们身边。每当这个时候，我就感到非常害怕，老师就教我，扶着栏杆，抬头看向天空，这样就能驱散心中的恐惧。"

小伙子的话触动了总裁的心，总裁沉默片刻之后，突然微笑着看向小伙子问道:"你看我像曾经想过寻死的人吗?"

小伙子大吃一惊,总裁开始向小伙子讲述自己背后的故事:

"我曾在机关工作,后来为了实现自己的梦想,便辞职去创业。但或许我没有做生意的天赋,接连几桩生意最终都以失败收场。更要命的是,我还欠下了十几万的债务。

"走投无路之下,我绝望了,想到了死。于是有一天,我背着家人偷偷收拾了背包,独自一人到了深山,我想从山崖上跳下去,结束所有一切痛苦。可就当我站在悬崖边上,准备往下跳的时候,却突然听到了一阵苍老的歌声,我转过头一看,原来那歌声是一个正在采药的老人唱的。

"我不想在别人面前轻生,于是我离开悬崖,坐在了草地上抬头看着天空,直到老人走远,我才又回到了悬崖边上。

"这个时候,我猛然低头往下一看,只见悬崖之下是一片黝黑的林涛,宛如地狱。那一刻,我倒抽了一口凉气,再次抬头仰望阳光明媚的天空,我的心里做出了选择。

"后来,我又回到了这座城市,从一个打工仔做起,这才走到了今天。"

生与死,痛苦与快乐,绝望与希望,不过就在人的一念之间。不管是小伙子,还是这位曾经想要寻死的总裁,他们都曾因低头注视脚下的黑暗而险些放弃自己,而当他们终于抬头看向广阔天空的时候,才发现,原来生的希望一直就藏在自己心中。人生在世,总会遭遇激流与险滩,重要的是,在面对这一切的时候,你眼中看到的是绝望,还是希望。

希望需要人们怀有一种乐观的心态去等待,然而生活在现代社会的人们,随着生活节奏的加快,变得越来越没有耐心去迎接希望。其实,人生就像一场"马拉松"比赛,比的是信心和耐力。要想取得最后的胜利,每个人都需要把心放宽一些，乐观一些，耐心一些，这样看到的才是希望而不是绝望。

"一念愚即般若绝，一念智即般若生。"在身处绝境的时候，一定要转变心态，不要将自我禁锢在眼前的困苦中，眼前虽是地狱，但或许一转身，你便能看到天堂，危机之中总是隐藏着时机，只要努力，怀抱希望，人生随时都能重新开始。

不计较，在吃亏中得到

吃亏与得到总是比邻而居，当你甘愿吃亏时，或许反而能够得到；而当你过于看重得到时，则可能真正吃亏。

吃亏是一种人生智慧，更是一种胸怀坦荡的做人方式。懂得吃亏，不斤斤计较的人，必然拥有宽广的胸怀和淡然的内心，他们不沉溺于是非纷争，不局限于狭隘的自我思维，而是能够跳脱出局限，以理性而坦然的目光来面对这个世界。

真正聪明的人必然是个不怕吃亏的人，吃亏是福，不计较，有时在吃亏中往往能够得到更多宝贵的东西。

齐国大夫孟尝君乃春秋四公子之一，他待人真诚，礼贤下士，府中食客三千。在孟尝君的食客中，有一位名叫冯谖的，他经常在孟尝君府上一住就是两三个月，但却什么事都不做，孟尝君倒也不生气，反而每次都会热情招待他。

有一天，孟尝君下令，命人到封地薛邑去讨债，可大家似乎都不太愿意前往。就在这个时候，冯谖站出来了，说："我愿意去，但是我不知道用催讨回来的钱，买些什么东西好？"

孟尝君说："如果真的要买些东西的话，就买点我们家缺少的或没有的东西。"

众人听完孟尝君的话，都替冯谖捏一把冷汗，孟尝君在齐国可谓一人之下万人之上，什么奇珍异宝没见过，什么奇珍异宝他没有呢？但冯谖似乎并不为此感到紧张，在众人的注视下领命而去。

冯谖到了薛邑后，看到百姓的生活十分穷困，根本交不出钱来，当听说孟尝君的讨债使者到了时，百姓们更加怨愤了。出人意料的是，冯谖不仅没有下令向百姓催缴税款，反而召集大家宣布说："孟尝君知道大家生活困难，这次特意派我来告诉大家，以前的欠债一笔勾销，孟尝君叫我把债券也带来了，当着大伙的面，我把债券全部烧毁，从今以后，再不催还！"话一说完，冯谖还真把所有债券都付之一炬了。

薛邑的百姓感动得痛哭流涕，纷纷高呼万岁，感激孟尝君的大恩大德。

回来之后，冯谖前往复命，孟尝君问他："利钱讨回来了吗？"

冯谖回答说："不但没讨回利钱，而且我还把债券也给烧了。"

孟尝君大怒："我的封地本来就少，百姓又多不按时还利息，宾客们连吃饭都怕不够用，这才请先生去收缴欠债。但现在你不仅没有把账收回来，居然没有经过我同意就擅自做主烧毁了所有的契据，究竟是什么意思？"

冯谖平静地答道："您不是叫我买家中没有的东西吗？我已经给您买回来了，这就是'义'，以后会大有好处的！"

很多年以后，齐王听信秦国和楚国毁谤言论的蛊惑，解除了孟尝君的职务。孟尝君只得回到自己的封地薛城，薛邑的百姓听说恩公孟尝君回来了，都出城迎接，并表示愿誓死追随他，孟尝君甚为感动，这时才体会到冯谖的良苦用心。后来，正是因为民心所向，齐王才让孟尝君官复原职。

"将要取之，必先予之"，当你希望得到某些东西的时候，你必须要懂得先付出，而当你付出了，那么必然也将得到一些东西，这就是我们所说的吃亏中的得到，吃亏获得的福气。吃亏不是懦弱，更不是愚蠢，而是一种理性面对得失和追求的坦然，是一种笑看人生的豁达。

郑板桥先生也是一位具有宽广胸怀的人，他曾写过两条著名的字幅，即一直流传至今的"吃亏是福"和"难得糊涂"。这也正是郑板桥先生一生智慧处世的总结。

郑板桥先生被誉为"扬州八怪"之一，他的诗、书、画艺术精湛，号称三绝。更难能可贵的是，在创作过程中，郑板桥先生还把诗、书、画三者巧妙结合，独创一格，达到了一种全新的艺术境界。

郑板桥是一个非常豁达的人，他曾和所有文人墨客一样，抱有一颗报效国家、建功立业的雄心，混迹于官场之上。但郑板桥的仕途并不顺遂，他因为在灾荒之年为灾民赈济而触犯了上司，最后被罢官回乡。

对于普通人来说，遭遇这一切必然是大受打击的事情。但是，郑板桥却并没有因此而和上司斤斤计较，也不曾因为官场失意就郁郁寡欢。他骑着毛驴悠然回到了故乡，并从此专注于诗、书、画的创作，心情丝毫没有受到这件事情的影响。

后来他因书画而闻名于世，金农、黄慎等有名的画家都与他过从甚密，很多达官贵人为了他的墨宝而踏破门槛，这些人中也包括他昔日的上司，而郑板桥不仅没有因为当初的过节而将上司拒之门外，反而最后还和他成了很好的朋友。

当遭遇挫折的时候，郑板桥先生没有气馁，而是将注意力集中在更有意义的事情上，从而在艺术上取得了傲人的成就。而当面对昔日得罪过自己的上司时，郑板桥先生不但没有打击报复，反而以宽容友好的态度与之相处，最后还成了要好的朋友。正是凭借着这种不怕吃亏，不愿计较的心态，郑板桥先生不仅一生都活得泰然自若，还在日后留下了千古美名。

吃亏是福，是人生的一种境界。但在现实生活中，肯吃亏，不怕吃亏的人实际上并不多。比如有三种人就是绝对不肯吃亏的：一种是度量小的人，这种人吃不了亏，只要别人稍微占点便宜，就能让他翻来覆去，茶饭不思；第二种是火气大的人，这样的人冲动易怒，一旦吃亏，便可能在冲动之下口出恶言，甚至拳脚相加，最后将事情闹得不可收拾；而第三种则是心眼小的人，这样的人睚眦必报，常常可能因为不肯吃亏而因小失大。

这三种人在生活中比比皆是，他们往往会因为过分计较得失而导致舍本逐末，贪着小便宜，却最终让自己的人生错失机会，吃了大亏。相信任何一个人都不会喜欢与这三种人相处，因此，如果你发现自己具备以上某条特质，一定要引起重视，及时改正，切莫在斤斤计较中失去了成功与幸福的可能。

第二章

悲伤时转身
在忧愁的巷口，邂逅欢喜

人生的快乐，在于感受拥有。悲观的理由很多，快乐的理由却只有一个：不想悲伤。面对一条忧伤的巷子，转身，就是一条全新的路。

告别悲观，不做悲剧的主角

> 生命如同长在树上的果子，每一颗都要经历风吹雨打，
> 有的能瓜熟蒂落，有的等不及成熟就飘然零落了，
> 这不过是自然界的规律。

人最容易犯的错就是，眼中只羡慕别人的快乐潇洒，却感叹自己生活的不如意。但其实，这不过是悲观的人生态度在作祟。当你心中充满悲观时，自然总是会觉得自己比别人过得差，以致每日郁郁寡欢。实际上大可不必如此，每个人都有自己的痛苦和问题，没有谁的人生是一帆风顺的，你所看到的，未必就是真相。

南方有一个依山傍水的村落，这个村落非常漂亮，但却有一个非常悲伤的名字——痛苦村。据说这里生活着世界上最痛苦的人。

一天，一个快乐的旅游者经过这里，当他得知这个村落的故事之后，便决定要用自己的快乐来帮助这些痛苦的人。于是，旅游者将村落的人都叫到了一起，对他们说道："我很希望能帮助你们，但我一个人的能力有限，实在没办法帮到这么多人，这样吧，你们告诉我，你们之中谁是最痛苦、最不幸的？"

听到这话，村民们开始争先恐后地指着自己，都说自己才是世界上最不幸、最痛苦的人。于是旅游者想了想之后，又对他们说道："要不这样吧，你们每个人都把自己感到痛苦的缘由写在一张纸上，这样子我也好知

道，应该先帮助谁。"

很快，村民们每个人手中都拿了一张写得密密麻麻的纸。旅游者又说道："现在，请你们将手中的纸条与身旁的人进行交换，我将会用一种神奇的力量，让你们在现实生活中的痛苦也相互交换。"

听到旅游者的话，大家满心欢喜地交换了纸条。但当他们看到别人的痛苦与烦恼之后，都纷纷惊叫了起来，表示自己并不是世界上最痛苦、最不幸的人，并且一点儿也不想和别人进行交换。

悲观的人，总是相信别人比自己快乐，自己比别人要痛苦。但是他们却没有想到，别人在生活中也同样会遇到各种各样的难题，也同样会经历生、离、死、别。悲观者自悲，于是悲观者越来越自怨自艾，最终身陷苦海。

而乐观的人则恰好相反，哪怕遭遇了痛苦与不幸，他们也能从中找到生活的乐趣，创造明天的希望，让快乐替代悲伤，用微笑面对明天。

《庄子》中有这样一个故事：有一天，子祀去探望生病的好友子舆，当见到被病痛折磨得不成人形的子舆时，子祀不免悲从中来，但没想到，子舆竟然在子祀面前轻松地调侃了自己一番："造物主竟然将我的模样变成了一个驼背！背上生了5个疮口，面颊因伛偻而低伏到肚脐，两肩隆起，高过头顶，脖颈骨则朝天突起，这真是太奇怪了！"

其实，子舆是由于感染了阴阳不调的邪气，模样才变成今天这个样子的。但他却似乎并不感到悲伤，反而神闲气定地踱步到井边，从井里照了照自己的样子，随即又带着戏谑的口吻说道："怎么？造物主又将我变成了这番搞笑的模样吗？"

看到子舆的样子，子祀感到很奇怪，便问他说："你对这种病难道没有感到极其厌烦吗？"

子舆回答说："当然没有，我为何会讨厌它呢？如果让我的右臂变成弹弓，我便选择用它去打斑鸠；如果让我的左臂变成一只鸡，我便会选择在夜里为人们报晓；如果让我的尾椎骨变成车辆，我的精神将幻化成为一匹马，用它遨游世界。无论什么时候，遭遇到什么事情，人都应该学着安于时机而顺应变化，这样一来，哀乐就不会侵扰人心，我们也便不会被痛苦吞噬。但凡是不能自我解脱的人，一定是受到了外物的束缚；相反，那些能够自我解脱的人，自然不会受到外物的捆绑。既然我现在的模样是我无法改变的，那么我为何不选择欣然接纳它呢？"

病痛将子舆变成了怪物一般的模样，继续发展下去，甚至随时可能会夺走他的生命。但他不仅没有自怨自艾，抱怨命运对自己的不公，反而还能在自嘲中找到别样的乐趣，把病痛当作是造物主的一个恶作剧。难道子舆真的喜欢生病吗？当然不可能，谁不希望自己健健康康长命百岁。可是，当病痛已经成为残酷的现实，当命运已经撒下天罗地网，我们唯一能做的，就是自己选择，是要悲惨地浪费生命，还是用快乐的笑脸迎接未知的明天。

子舆是聪明的、豁达的，在不幸与苦难面前，他潇洒转身，拒绝成为悲剧的牺牲品。他以乐观、豁达之心看待生命，即便他的人生所剩无几，也比那些成天哭哭啼啼，沉浸于痛苦无法自拔的悲观者们要活得幸福、活得有意义！

"生又何欢，死又何哀？"这个道理很多人都明白。悲观者看到的只能是苦楚，而苦楚就像天上阴云，只会越聚越多。乐观者看到的却是快乐，快乐就像阳光，将会把你的生命越照越亮。生命就如同长在树上的果子，每一颗果子都要经历风吹雨打，有的能瓜熟蒂落，有的却等不到成熟就飘然零落。人生也是一样，悲惨的命运或痛苦可能随时而至，而我们最终的结局也是走向死亡。人生短短几十载，如果只把眼睛盯在痛苦身上，又怎么能得到快乐和幸福呢？

人生无常，无常即是苦，是无法回避的劫难，我们只有乐观地面对它、认识它，才能战胜它，超越它。无常并不可怕，可怕的是我们失去了面对无常的乐观与豁达，在自怨自艾的悲观中结束一生。

转身后，我们都学会了微笑

> 面对不幸的时候，你哭泣、痛苦、绝望也不能改变它分毫；
> 而你微笑、释怀、重燃希望，却能改变你的生活，
> 给未来一个幸福的可能。

马克思曾经说过："一种美好的心情，比十剂良药更能解除心理上的疲惫和痛楚。"现实生活就是一面透视镜，当人们心情愉悦的时候，镜中折射出来的是云淡风轻的良辰美景；而当人们心情阴郁的时候，镜中折射出来的就是一触即发的紧张和忧虑。

科学研究也表明，每天都能够快乐生活的人，他们的血液中就会生成健康的化合物质。而每天郁郁寡欢的人，血液中则会生出有害物质。因此，快不快乐和人患不患病便产生了一种相关性。越是感到快乐的人，就越能拥有健康，给自己一个好心情，就等于得到了生活中的一剂良药。

小林在北京出差谈生意的时候，遇到了一位让他对人生有新的启发的出租车司机。小林那天刚谈完生意，回酒店的路上拦下一辆出租车。刚一坐进车里，热情的出租车司机就开始与他攀谈起来，说话的空隙，司机还一边快活地吹着口哨，一边跟着流行歌曲哼哼，真是不亦乐乎。小林见他如此快乐，便问道："你的心情真好呀，是不是遇到了什么好事啊？"

司机先生笑着说："好事倒是没有，不过我啊，每天都是如此，没有什么能让我心情不好的。"

小林疑惑地问道："难道你从来不会遇到令你心烦的事情吗？"

司机先生轻声一笑，说："家家有本难念的经，不幸的事情也会经常发生，但是我知道一个道理，情绪暴躁或低落对自己一点好处也没有。再说，船到桥头自然直，一切顺其自然吧，说不定事情总会出现转机的！"

小林听到司机这么一说，更加好奇了，接着问道："哦？这是何意啊？"

司机回答说："有一天早晨，我一早开车出门，想趁着上班高峰期多拉几个客人，多赚点钱，但事情却没有想象的那么顺利，车子不争气，开出去没多久就爆胎了。那时天气十分寒冷，爆了胎的车子就停在路边，我当时十分生气，埋怨自己命苦，心情也极为低落。但无奈之下，我还是拿出了换轮胎的工具。一大早的，寒风刺骨，我的手冻得直打哆嗦，因此换轮胎的过程也十分不顺利。"

司机停顿了一下，接着说："就在这个时候，有个路过的司机从卡车上跳了下来，二话不说就前来帮助我。在这位陌生卡车司机的帮助下，我的轮胎很快就被换好了。当我向对方表示感谢，想给他一些酬谢时，他却轻轻地挥了挥手，马上跳上车离开了！"

司机笑着说："就因为那个陌生人的帮忙，让我一整天的心情都很好。而且那个陌生司机的帮助，也让我相信，人不会永远都倒霉的。那次事件之后，我的心胸仿佛被打开了，好运似乎也跟着进了门，生意也比以前要多出一倍呢！所以，当我再遇到麻烦，我总是笑着对自己说：'不必再心烦了，说不定马上就可能会出现转机的，生活不会永远地停在不如意之中。'这样一来，不管遇到怎样的状况，我的好心情都不会受到影响。"

生活中的事情就是如此，不会永远停留在不如意之中，与其悲观失望，不如乐观面对，多给自己一些积极的心理暗示，使自己更自信地去改变逆境，这样一来反倒可能迎来新转机。

古语道："良药苦口利于病。"好心情，也是这样一味苦而性甘的良药。之所以说它苦，是因为它虽然存在于每一个人的身边，但人们却没有一双识珠的慧眼，总让它游走在身边，却不去获取它。一旦有朝一日将它捕获，仔细品尝，你会发现，原来它是如此甘甜。

好心情并不全是性格因素，它的形成主要还是依靠人们的后天修炼。只有经历了岁月，才能显现出一个人的人格、素养，以及品质、才情的疏略。拥有一份好心情，能让我们发现，原来生活中处处都是鸟语花香。

1985年的一天，辛蒂在使用杀虫剂时，不幸受到化学物质的侵害，使她的免疫系统遭到严重破坏。从那以后，辛蒂对洗发水、香水以及日常生活中的一切化学物质都过敏，甚至连空气也可能导致她的支气管发炎。患病初期，辛蒂一直流口水，尿液也变成了绿色，流出来的汗也含有毒素，刺激着她的皮肤，形成一道道疤痕。辛蒂所承受的痛苦是难以想象的。

1989年，丈夫吉姆用钢和玻璃为她建了一所无毒房间，她平时只能喝蒸馏水，食物中也不能含有丝毫化学成分。她躲在这间小屋里，终日饱受病痛之苦，更让人难以忍受的是，辛蒂还不能流一滴眼泪，因为她的眼泪跟汗腺一样是有毒物质。

就在这样艰难的情况下，辛蒂还一直保持了一个积极、乐观的人生态度，她一直坚持为社会做一些有价值的事。在她病后第二年，她就创立了"环境接触研究网"，以便为那些致力于研究此类病症的人提供一个窗口。1994年，辛蒂又与另外一个组织合作，创建了"化学物质伤害咨询网"，帮助人们预防化学物质的危害。虽然被困于隔离小屋中，辛蒂每天都有一个好心情。

当人们问辛蒂，为什么在这样的环境下，还能保持这么好的心情时，辛蒂却调侃道："因为我不能流眼泪，所以只好笑了！"

在岁月的长河中，我们每个人都会遇到一些令人不快的情况或麻烦的事情，在这个时候，与其痛苦以待，不如潇洒转身，学会用微笑来面对逆境，用积极乐观来湮没不幸，最终让不幸转变为一种幸运。

人生原本就是一个起起落落的过程，没有人会永远幸运，也没有人会一生倒霉，不要让一时的不如意捆绑你的好心情，笑一笑，以乐观的心情面对，你就会发现，就算天大的问题也终究有解决的方法。

别人的错误，不是我们的包袱

生气是用别人的错误来惩罚自己，既然犯错的是别人，
我们又何苦与自己过不去呢？

人的心灵就像一个容器，生气的事情装得多了，快乐就少了。因此，要想活得快乐，就要先懂得放宽心，不生气。人之所以会生气，不外乎两个原因，一是气恼自己的错误，二是气恼别人的错误。

正所谓人生无常，谁也不能保证自己永远不犯错，犯错不要紧，重要的是懂得及时改正，当自己犯错的时候，与其浪费时间耿耿于怀，倒不如放开怀抱，做些实实在在的事情去改正错误，挽回失误。当别人犯错的时候，我们就更不应该生气，过错是别人的，你却难以释怀，这不是拿别人的错误来惩罚自己吗？对待别人的过错，应当视如不见，更不要把它放在心上。

生气就是在拿别人的错误惩罚自己，不妨大度一些，心宽一些，学会为他人着想，从对方的角度来看问题，这样一来，看待问题就能更加客观，思索问题也能更加冷静。如果每个人都能以大度的心态去对待别人，那么生活就会一片和谐，心情也会跟着爽朗起来。

不生气、不计较，并不意味着懦弱和胆怯，而是一种开怀处世的心态，也是一种智慧和情操。大度的人一定是健康乐观、笑口常开的人，这种人会用一颗博大的心胸原谅他人的过失，从而化解仇恨、解脱自己。

春秋战国时期，孟尝君曾为齐国的相国，受到齐国国君的宠爱，而他更以礼贤下士著称，因此各地有才能的人纷纷前来投奔他。孟尝君来者不拒，以礼相待，一时间他的门下聚集了三千门客。

后来，有人在齐王面前诋毁孟尝君，齐王便以"寡人不敢把先王的臣当作自己的臣"为借口罢掉了孟尝君的相位。无奈之下，孟尝君只好离开国都，回到自己的封地。让他万万没想到的是，那几千个曾口口声声说仰慕他、忠于他的食客，竟一下子走了个精光，只有一个名叫冯谖的人愿意追随孟尝君回到封地。在回封地的路上，孟尝君看看自己形单影只的凄凉景象，不禁对这炎凉世态怨恨起来。

原来，冯谖早就料到孟尝君会遭此劫难，于是在冯谖的部署下，孟尝君很快就官复原职，一时间尊荣更胜从前。那些当初弃他而去的食客，如今又想回来跟随孟尝君。孟尝君听说这件事后，愤恨地对冯谖说："他们当初弃我于不顾，现在还有脸回来？谁胆敢走在我面前，我一定要将唾沫吐在他的脸上！"

冯谖却不以为然，他劝孟尝君说："事物本来有他的规律和道理，您又何必生气呢？您一定见过菜市场的情景吧！早上人们争先恐后挤进去，因为里面有他们需要的东西；傍晚，人们甩开大步走过去都不会多看它一眼，因为里面没有他们需要的东西了。这是很正常的事情。以前，大家争先恐后地前来投奔您，因为您能给他们提供他们需要的东西；后来，他们离您而去，也是因为您这儿已经没有他们需要的东西了。既然这样，您又有什么可生气的呢？"

孟尝君听后恍然大悟，心里的怨恨顿时消失。后来，那些食客陆续回来，孟尝君一如既往地对待他们，毫无芥蒂之心。几年后，他门下的食客又多达几千，而他的仁义之名更胜从前。

孟尝君如果没有听从冯谖的劝说，恐怕以后不会再有一人前来为孟尝君效力，这不成了拿别人的错误来惩罚自己吗？正是孟尝君不计前嫌，既往不咎，才迎来了更多的门客为他效力，而他的仁义之名也更胜从前了。

当你在生活中受到无名的伤害后，你是选择生气怨恨还是选择宽容大度？生气就像个枷锁，会将你的痛楚永远锁住；怨恨就如同心灵的牢狱，让你无时无刻不在痛苦的火焰中折磨自己。要想解脱和拯救自己，就要学会宽容大度，当你的心灵选择宽容之时，你的身心便获得了永恒的自由。

一位中国妇人远离家乡来到美国，为了生计，她开了家卖水果的小店。由于她的水果十分新鲜，价钱又公道，所以生意十分红火。其他摊位的店主看到这幅情景，就心生不平，经常故意把垃圾扫到她的店门口。中国妇人看在眼里,却一点也不生气,她不但不计较,反而每次都会把别人的垃圾扫到自己家,然后打包丢掉。

有一个时常光顾她的客人知道事情原委后,忍不住问她说:"大家都把垃圾扫到你的门口,你为什么不生气呢?"中国妇人笑着说:"在我们国家,春节过年的时候大家都会争相把垃圾往自己家里扫。因为垃圾代表财富,垃圾越多就代表你来年会赚很多的钱。现在大家都把垃圾送给我,我感激还来不及呢,又怎么会生气呢?"

中国妇人的话很快传到其他摊主的耳朵里,从此以后,再也没有垃圾出现在中国妇人的门口。

中国妇人用她的智慧和大度为自己创造了一个和善的环境,因为她明白和气生财的道理,于是她的生意越做越好。倘若她一时气不过,与当地人争斗起来,那必然吃亏的是自己,而且今后的生意也将会更加难做。生气就是拿别人的错误惩罚自己,不妨大度一点,少一些计较,生活将会更加美好!

人生本来就非常短暂,何必将这宝贵的时间浪费在生气与烦恼上呢?人生在世,不管遇到什么事情,都不要动怒,是自己的错误,便去改正;是别人的错误,便不该用来惩罚自己,只有彻底卸去内心的重负,才能尽情享受人间的欢愉。

给予，让你邂逅快乐

给予是人世间最大的快乐，当你给予别人的时候，
自己的内心也将收获到满足与快乐。

大多数人都以为，人生最开心的事情莫过于"得到"，但实际上，"给予"才是人生最大的幸福。俗话说，助人乃人生快乐之本。在生活中，人人都希望得到别人的理解和帮助，更喜欢被别人关心的那种感觉。但其实，大多数人却忽略了"赠人玫瑰，手留余香"，帮助别人，也就是快乐自己。

贝尔太太是一位有钱的贵妇人，她在自己的庄园前方修建了一座大花园。花园里百花齐放，绿草如茵。走进花园，仿佛就像来到了世外桃源一般，与纷乱嘈杂的世间隔绝。花园建成没多久，就吸引了不少观光者，他们毫无顾忌地跑进花园，尽情散步、赏花、嬉戏、游玩。

老年人把花园的池塘当成了垂钓的场所，年轻人坐在绿油油的草地上谈笑风生，小孩子们则互相追逐嬉戏。这些全被站在窗前欣赏花园风景的贝尔太太看在眼里。她越想越生气：我自己花钱修建的花园，却成了供别人游乐玩耍的场所。于是，她立刻叫仆人在门外立了一块牌子，牌子上写着：私人花园，未经允许请勿入内。除此之外，她还让人用篱笆将花园圈起来。可这一点也不管用，第二天，人们翻越篱笆，照常成群结队地进入

花园。贝尔太太只好让仆人前去驱赶，结果竟发生了争执。

这让贝尔太太大伤脑筋，她冥思苦想一夜，终于想到了一个好办法。她让仆人把牌子取下来，换上一块新牌子，牌子上写道：欢迎大家来此游玩，但为了安全起见，本园的主人特别提醒大家，花园草丛有几条毒蛇，如果哪位不慎被咬伤，请务必在半小时以内采取紧急措施，否则性命难保。

这附近最近的医疗诊所，也有50分钟的车程。既然毒蛇这么危险，大家也就不再到花园玩耍了。贝尔太太终于安下心来。

就这样过了几年，人们发现，以前那个又大又美的花园不见了，取而代之的是一片杂草丛生、毒蛇出没的荒原草地。原来，由于园子太大，人们又不常走动，这花园就逐渐荒芜了。孤独、寂寞的贝尔太太依然独自守着她的大花园，但现在的她却非常怀念几年前人们时时光顾花园的光景。

每个人的心中都有一座大花园，如果我们愿意让别人在此种植快乐，那么这份快乐也会滋润自己，这样一来，我们心灵中的那所花园就永远不会荒芜。反之，如果我们吝啬于分享花园的美丽，拒绝他人的驻足，那么总有一天，这座花园将因为缺少爱而变得荒芜冷落、杂草丛生。只有分享才能获得，也只有懂得给予才能收获幸福。

杰克是个守墓人，他每天负责的工作就是为墓园守墓、扫墓。这天，墓园里来了一位雍容华贵的老太太，当她被人搀扶着走下车时，杰克看见她手里抱着一束玫瑰。

老妇人步履蹒跚地走向杰克，向杰克问好，并说自己患了重病，此时此刻非常想念自己已经去世的儿子，于是便带了鲜花来看望儿子。

在杰克的伴同下，老妇人把鲜花放在了儿子的坟前。老妇人站在坟前沉默了一会儿，对杰克说："自从我儿子死后，我就觉得自己的人生已经毫无意义。真希望我能早点死，这样也能在这里陪一陪我的儿子了。"

杰克本来想说些安慰的话，但最终没说出口。老妇人临走时，交给杰克许多钱，嘱咐他每天往儿子的坟前放一束鲜花。

杰克照做了。过了一段时间，老妇人又来了，而且变得比以前更加憔悴。她说她是来感谢杰克的，并说自己命不久矣，以后还希望杰克能继续照顾她儿子的坟墓。

这时，杰克再也忍不住了，他对老妇人说："夫人，人已经死了，每天送给他鲜花又有什么用呢？"老妇人听了这话，脸上有些不悦，但杰克继续说下去，"您瞧，旁边的疗养院里有那么多活生生的孩子，他们见了鲜花，一定会很开心的！"

老妇人想了许久，像是若有所悟，没再说什么，就转身离开了。杰克则照常生活，每日打扫墓园。

几个月过去了，那位老妇人又来了，不过这次她是自己开着车前来的，她灵活地从车子里钻出来，兴高采烈地和杰克打着招呼。

"夫人，您看起来很健康很有活力啊！难道您的病好了？"杰克高兴地问道。

"虽然我的病没有根治，但比起以前已经好多了，医生说这已经是奇迹了。"老妇人顿了顿，接着说："知道吗？杰克，是你拯救了我。那天听了你的话后，我就每天送给疗养院一束鲜花，孩子们见了鲜花果然十分高兴！从那以后，我的心情就变好了，病也就跟着好转起来！"

杰克高兴地点了点头，由衷地为老妇人感到高兴。

从别人手中得到善意的帮助是一种快乐，但能够用自己的力量去帮助别人，则是一种更深层次的幸福。当我们慷慨给予的时候，将会得到对方由衷的感激，由此我们的灵魂将得到升华，爱心也将得以释放，精神也将得到满足的快乐。

帮助别人，让别人快乐起来，也就是让自己得到快乐。反过来想一想，如果你受到他人的帮助，心里也一定会充满感激之情。把爱和快乐同别人一起分享，自己也就多了一份快乐。

给予总能让我们邂逅幸福，当我们能够关心体贴他人，在他人需要的时候能主动给予帮助，急人之急，忧人之忧之际，我们将会发现，即使只是付出了一点小小的恩惠，也能把快乐留给自己。

带着笑脸，才能迎接好运

当你哭泣面对世界时，世界只会给予你眼泪；
而当你微笑面对世界时，世界则同样会回报以微笑。

法国作家雨果说："微笑，就是阳光，它能消除人们脸上的冬色。"人的一生，难免会遭坎坷，遇困境，这时，时常对生活充满信心，总能用微笑来面对这些不幸的人，就能很快抚平创伤，活出一份精彩。

20世纪90年代，正逢美国经济大萧条。18岁的苏珊已经第三次被辞退了，这次她找到一份在高级饰品店做售货员的工作。她知道这份工作来之不易，于是下定决心，一定要做好这份工作。

这天，苏珊像往常一样来到店里上班，她先把柜台里的戒指拿出来一个一个地整理。正在整理戒指的时候，她瞥见一位30岁左右的顾客正向这边走来。苏珊笑着向他点了点头，希望这位顾客能买一枚戒指，虽然他看起来衣衫褴褛。

这时，电话铃突然响了，苏珊慌忙去接电话。可是，一不小心，她将一个励盛着钻石戒指的盒子碰翻了。哗啦一声，戒指滚落了一地。苏珊被吓得惊慌失措，急忙四处寻找，可是只捡起了五枚戒指。苏珊明明记得那个盒子盛的是六枚戒指，那么那一枚去哪里了呢？正在她一筹莫展的时候，看到那个30岁左右的男子向门口走去。苏珊心里一惊，脑袋里立刻冒出来个可怕的想法：不能再失去这份工作了。于是，就在那名男子抓住大门手柄的刹那，苏珊微笑着柔声说道："对不起，先生！"

那男子转过身来，两人相视无言足足有一分钟的时间。"什么事？"那名男子终于打破了僵局，率先问道。苏珊没有作声，仍旧微笑着盯着那名男子，男子显然有些紧张了，他脸上的肌肉正在颤抖。

"什么事？"男子再次问道。"先生，这是我第四份工作，您知道，现在找份工作有多难，不是吗？"苏珊神色黯然但依然保持着微笑。

男子久久地审视着她，终于，一丝柔和的微笑呈现在他的脸上。"是的，的确如此。"男人回答，"但我肯定的是，你一定不会丢掉这份工作。"说着，他向前走了一步，把手伸向苏珊，说道："祝你好运！"苏珊立刻伸出手，紧紧握住了那只手，她用低低的但十分柔和的声音回应道："也祝你好运！"男子转过身，慢慢走出门口，苏珊一直目送他的身影消失在门外，而后转身走向柜台，将手中握着的第六枚戒指放回到了盒子中。

微笑是你走遍天下的"通行证"，失去了这张通行证，人生将寸步难行。如果苏珊在发现戒指不见的时候大喊抓贼，而不是用微笑打动对方，那么故事的结局恐怕就要被改写。微笑的力量是巨大的，它所包含的是一种睿智，一份宽容，有时候它比强硬更有"杀伤力"。

很多时候，柔比刚更有力，弱比强更占优。要想成为一个强大的人，最好的办法不是让自己变得强硬，而是收敛起你的棱角，给人以温柔和微笑。这就是为什么做同一件事，有的人能很顺利地通过，有的人却感觉很难做成的原因。

微笑还是世界上最受用的语言，它能化解误会、震撼人心，是最为庄严、美丽的一种表情。爱笑的人运气总不会太差，俗话说"伸手不打笑脸人"，当你对任何人都报以善意的微笑时，对方自然也将回报你以笑意。每天都记得对自己微笑，对别人微笑，微笑不过是一个简单的表情，花费不了你什么力气，但必然会给你的生活带来全新的体验，意外的惊喜。

快乐不在于拥有多少，而在于能感受多少

即便你拥有世界，如果感觉不到内心的满足，那你就是不幸的；

哪怕你一无所有，如果内心鸟语花香，那你就是幸福的。

这个世界，其实是内心的世界，我们所看到的一切都是来自我们内心的反射。因此，同一个事物在不同人的眼中就会呈现出不同的模样，让人生出不同的感受。随着心境的不同，有时即使是在同一个人的眼中，对同一件事情也会做出不一样的判断。

当一个人的内心不再执着，不再牵挂着生活中的那些琐事时，就不会被生活所累。你之所以会感到烦闷、劳累、不快乐，全都是因为你内心太在意那些生活中的琐碎之事，当你完全忽略它们的存在时，内心也就清净了，身体也便放松了。

人们生活在这个世界上，都会有喜怒哀乐，能做到喜怒不形于色的人并不多。在车水马龙的城市中生活，由于工作生活节奏过快，浮躁的心情更是溢于言表。这就需要人们能够时时管一管自己的心，心境不同，眼中的事物自然也就不同。

俄罗斯的克里姆林宫内，曾有一位尽职尽责的老清洁工。虽然她每天都在做着打扫、清洁的平凡工作，但从来没有为此烦恼过，她说："我的工作其实和国家领导的工作差不多，国家领导是在管理俄罗斯，我是在管理克里姆林宫。每个人都是在做好自己的事。"老清洁工在说这句话时，显得那么轻松、怡然，而从她内心透露出来的那种平和、豁达的心境，更能发人深省。

其实，正如那位老清洁工说的，国家领导也好，一介草民也罢，大家都在做自己该做的事。正是看到了本质上的相同，老清洁工每天在认真地收拾灰尘和垃圾的同时，也把散落在心头的苦闷和劳累一起清扫掉了。

快乐烦恼皆由心生。每一个人都希望能快乐地活着，因此无不在苦苦追寻快乐的踪迹。其实，快乐无处不在，只要你拥有一颗快乐的心，不要因为刻意寻找快乐而与快乐擦肩而过，那么你所能感受到的就是快乐。

一位平凡普通的诗人久不得志，抑郁不得解，便出门旅行，希望在旅途中能寻到解脱的办法。出门没多久，他就听到前方传来一个男人悠扬欢快的歌声。他的歌声听上去实在太快乐了，就像春天的小草，夏天的雨露，秋天的天空，冬日的太阳一样欢快、悠扬、温暖。任何人听到这歌声，都会被它所散发出来的快乐气氛所感染。

于是，诗人驻足聆听。这时，歌声戛然而止，一个带着微笑脸庞的男人走了过来。诗人从来不知道一个人可以笑得这么灿烂。于是，诗人情不自禁地上前询问道："你好，能与先生相逢，是我毕生的荣幸。"

男人纳闷，问道："你我萍水相逢，何出此言啊？"

"因为你现在的状态是我最向往的状态，从你那超凡脱俗的笑容可以看得出来，你一定生活得很快乐，你的生命也一定一尘不染，从没尝过风霜的侵袭，更没有受过失败的打击，烦恼忧愁也从来不曾驻留你心中……"

"哈哈哈……"又是一连串快乐的笑声，男人打住了诗人的话，说道："不，你错了，其实，就在刚刚我才丢了自己唯一的一匹马，那是我最心爱的马。"

"天啊，你的马都丢了，你还有心情唱歌？"诗人简直难以置信。

"我当然要唱了，我已经失去了一匹好马，如果再失去一份好心情，岂不是要饱受双重损失吗？"

一位心理学家说过："我们的人生有太多不确定因素，任何人都随时会被突如其来的变化扰乱心情。与其随波逐流，不如有意识地调整自己的心情。"乐由心生，并不是你周围的事物打扰了你的快乐，而是你在纷乱的事物中，丢失了一份快乐的心。正如我国南北朝时期，那个名叫孔稚圭的人，一般人听蛙声喧闹无比、惹人心烦，只有他把杂乱的蛙声听成鼓乐，非但不心生厌烦，反而其乐无穷。只有心无杂念，心境平和的人，才能将这喧闹的声音听成助兴的鼓乐。

眼见、耳听的一切，由于个人的心境不同，而产生了快乐和烦恼两种心情。只要我们在任何遭遇下，都不要忘了保持平和的心境，那么相信快乐也就会自然而然多起来了！

一个人拥有怎样的心境，将决定着他的言行，影响着他的态度和心情，从而谱写他的命运。想要快乐多多，就要制造一颗常怀快乐的心，而只要抱着这种快乐的心态，无论遇到多大的风雨，相信你都会有一种意想不到的收获。

人生四季，枯叶凋零后便是春天

人生就如同四季，有百花盛开的春天，

有绿叶成荫的夏天，有硕果累累的秋天，也有枯叶凋零的冬天。

人生在世，每个人都希望能平安顺遂，事事如意。但人生就如同四季，不可能永远都过着春暖花开的日子，有时也难免遭遇枯叶凋零的时刻。要知道，幸福永远站在苦难的肩膀上，没有人能够直接越过苦难拥抱幸福。

曾有一首歌这么唱道："不经历风雨怎能见彩虹……"如果人生没有苦难与挫折，那么又怎能体现出幸福的可贵；如果人生没有打拼与磨炼，又怎能感受到成功的价值。当人生处于落寞之际，当苦难不期而至之时，不要灰心，也不要失望，枯叶凋零之后，便会迎来春天，脱胎换骨之后，满眼便是世界的春光明媚。

　　李楠来自西安山区的一个贫困村庄，专科毕业之后在西安一家大型企业找到了一份做保安的工作。一开始，李楠感到非常沮丧，因为在大多数人看来，保安这个职业是不太有社会地位的，曾经有同学想给李楠介绍对象，对方在知道他的职业之后，显出了一丝的不屑与鄙夷，最终自然是竹篮打水一场空。

　　而在工作中，李楠也常常会遭到别人的白眼。作为保安，李楠要负责登记所有外来人员的信息，有时难免会遇到一些嚣张跋扈，难以沟通的人。每当这个时候，李楠就会感到特别难受，在心底不断抱怨命运的不公。

　　但很快，李楠就调整了自己的心态，他发现，抱怨和不满除了不断折磨自己之外，并不能让他的生活有所改变，于是他暗暗下定决心，要在五年的时间里，让自己更上一层楼。作出这一决定之后，李楠便把工作之余的闲暇时间全部利用起来，报名上夜校，攻读英语、经济管理、社会心理等课程。

　　经过四年的辛苦自学之后，李楠通过成人高考顺利考入了西安当地一所师范学院，并最终以优异的成绩取得学位。之后，李楠进入了另一家企业，从一名风吹日晒的小保安，一跃成为办公室白领，薪水自然也翻了好几番。

　　有的人一出生便含着金汤匙，有的人一出生却是一无所有，命运是如此不公平、不公正。很多人因此不断抱怨，将自己的一切痛苦与失败的缘由都归结到命运的不公上。但抱怨和责怪能为我们带来什么呢？

　　李楠也曾抱怨过，痛苦过，但真正改变他人生的，不是对命运的责备，而是每一天实实在在的行动和一点一滴的努力。李楠的经历告诉我们，当人生陷入枯叶凋零的季节时，不必抱怨，更不要心浮气躁，坦然地接受现实，才能及时做一些对什么有价值的事情，才能在春天来临之前，让自己更有能力、更有价值，从而在春天播撒下新的希望。

曾经有一篇名为"傻孩子要幸福"的文章，其中有一句话是这么说的："傻孩子，当你行走的时候，请不要看着影子悲伤，当你向着太阳行走的时候，再落寞的影子也在你的身后。请相信，会幸福。"

人总是容易缺乏安全感，甚至在开心快乐的时候，也总是会莫名地产生一丝惶恐，生怕灾难与痛苦顿然降临。其实，人的不安全感往往是来自于对幸福的不确信，以及对自己的不自信。倘若每个人的内心都能相信自己，相信幸福，那么也就不会存在这样的怀疑与痛苦了。

王洁家境富裕，从小就是个典型的乖乖女，在大学毕业之后，家里人就为王洁在本市的银行里找到了一个好职位，工作轻松赚钱多，还有令人羡慕的好福利。同学们都非常羡慕王洁，要知道，一毕业就能得到这么一份多少人都梦寐以求的工作，真是太好命了。但王洁却对此非常烦恼。

原来，在大学期间，王洁交了一个男朋友阿军，阿军和王洁感情非常好，但由于阿军家境较差，所以两人的恋爱遭到了王洁父母的一致反对。为了闯出一片天地，阿军决定要离开家乡，前往更大、更有机会的城市打拼。王洁想和阿军一块走，一块出去闯荡，但现在，家人已经将一份人人羡慕的工作摆在了自己面前，这是一条注定轻松的路。

但在深思熟虑之后，王洁最终做出了选择，她决定放弃这份银行的工作，和阿军一块到外地去打拼。她也有恐惧，也有担忧，但她更相信，只要肯努力，只要愿意努力，总能在大千世界里打拼出一片幸福的天地。

三年后，在一次同学聚会上，大家谈论到了因有事而不能出席同学会的王洁，听说她已经和阿军结婚了，两人因为工作不理想而过着拮据的生活。许多听说了王洁情况的同学都为她唏嘘不已，如果当初她明智一些留在银行，现在或许就是另一番天地了！

后来，又过了三年，同学们又聚在了一起，这一次，王洁和阿军都来参加了，这个时候，他们早已注册了自己的公司，日子也越过越好。说起当初的决定，王洁不无感慨地说道："不管是穷日子还是富日子，我对当初的选择一点也不后悔，因为我一直都相信，我们在一起一定会幸福。"

当我们坚信春天会来临时，便有了勇气和希望与严冬抗衡。正如当我们坚信幸福在前方时，便有了勇气和力量去翻山越岭。

故事中的王洁是个非常勇敢的女孩，在想清楚自己真正的渴望之后，她毅然决然地拒绝了一条显而易见更加轻松的人生道路，转而选择了一个充满未知和不确定的未来。而她之所以有勇气作出这个决定，主要还是因为她始终坚信，即便前方艰难险阻，幸福也一定在终点处等候。

人生就好像四季一般，不会永远处于冰封寒冷的冬季，冰雪总有融化的一天，而春风也总有吹绿大地的时刻，重要的是，我们是否能够充满信心地等待，是否能够大胆地去追寻心中所爱，在春天来临之前，播下希望的种子。

第三章

冲动时转身
忍耐者就是成就者

人生的成就，大多来自忍耐。一忍可以当百勇；一静可以制百动。在冲动到来的时刻，转身，就能与危险错身，等待幸运的降临。

像容忍自己一样容忍别人

与人相处之道，在于无限容忍。

古人云，海纳百川，有容乃大；宽厚待人，容纳非议。这就教我们要学会容忍他人，容忍他人的不同意见，容忍他人的批评指责，更要容忍他人所犯的错误。

在日常生活中，当我们犯了错误时，往往会希望别人能宽容以待，但当他人犯了错误时，却时时不能释怀。西方预言家拉封丹在一篇名为《褡裢》的寓言里说："我们容忍自己却不会宽容别人，就像戴上了一副有色眼镜，好比万能的造物主给我们每个人做了个装东西的褡裢，古往今来，人们总是习惯把自己的缺点藏在褡裢后面的口袋里，而把前面的口袋留着装别人的东西。"

抓住别人的错误不放，实则是烦恼自己，倒不如像容忍自己一样去容忍他人，这样一来，反倒能轻松释放了自己。

适当的容忍并非怯懦，而是一种美德，更是一切自由的根本，多多理解、宽容他人，就像时时宽容、理解自己一样，这样才能得到真正的自由。

晋周是春秋战国时期晋国的公子，晋国自从晋献公骊姬之乱后，公子间多年纷争不断，更有很多突遭残害。晋周本是晋襄公的曾孙，为了避免内祸，保全性命，在很年轻的时候就来到周朝，跟随单襄公学习。

晋国是当时的大国，晋周以晋公子身份来到周朝，自然受到各方礼遇。但晋周自小受父亲的教育，养成良好的品性，行为举止完全不像一个养尊处优的贵公子。以往晋国的公子在周朝，名声都不太好，但晋周却受到对人要求严厉的单襄公的称誉。

单襄公是周朝有名的大臣，学问渊博，待人宽厚但又严厉，得到周天子和各国诸侯王公的尊敬。因此，晋周十分高兴能跟随他学习。

单襄公外出与天子王公相会，晋周总是随从在后。有时候单襄公与王公大臣们议论朝政，他就规规矩矩地站在老师身后几个时辰，一点不高兴不耐烦的神色都没有。

晋周有十分的容人之忍，在单襄公空闲时，他经常向老师请教，处处表现出谦逊的精神。虽然晋周被迫留在周朝，但他仍然十分关心晋国的情况，一听到有不好的消息，他就为晋国担心流泪；一听到好的消息，他就为之欢欣鼓舞。一些人不理解，对晋周说："晋国都容不下你了，你为什么这样关心晋国呢？"晋周却回答："晋国是我的祖国，我是晋国的公子，晋国就像是我的母亲，我怎么能不关心呢？"

在周朝数年，晋周言谈举止的每一个细节，都谦逊有礼，忍让有度，从未有不合礼数的举动发生。单襄公临终时，对他的儿子说："要好好对待晋周，晋周举止谦逊有礼，以后一定会做晋国国君的。"

果然，晋国国君死后，大家都想到曾被晋国抛弃在外的晋周，又听说晋周为人宽宏大量，时时不忘祖国，就请他回来做了国君，他就是历史上有名的晋悼公。

晋周本是一个没有条件去争夺国君之位的公子，还屡屡遭到奸人的迫害。对于自己受到的不公待遇，晋周非但没有怀恨在心，还宽容以待，最终以高贵的品德征服了晋国上下，最终被推上了王位。

像容忍自己一样容忍他人，那么你的世界里就不会有敌人和对头。家喻户晓的大哲学家苏格拉底，他的妻子是众所周知的一个悍妇。为此，苏格拉底的学生不解地问他："老师，您时常教导我们要慈悲、忍让，这便是做人的道理，可师母的凶悍是远近驰名的，您为什么不教化她呢？"苏格拉底说道："她的确凶悍无比，如果我能够容忍她，就能够容忍全世界的人了。"苏格拉底的这句话就成了千古名言。

每一个人都是能够帮助我们成长的人，尤其是那些需要我们去容忍而不是计较的人。对他们的每一次容忍，都使得我们更加豁达和宽容一分。

生活中，我们难免会遇到一些与自己作对的人，他们心胸狭窄，小肚鸡肠，对别人不是寻衅滋事，就是背后说风凉话，或者公开地指责别人。对于这样的人，我们不必去批判和指责他，而应当深入地了解他为什么产生敌意，然后控制自己的情绪，先让自己冷静下来，试着去理解和宽容。如果跟那些恶意的人一般见识，我们的心也就被玷污了。

与人相处之道，在于学会容忍。人无完人，多一些换位思考和谅解，我们便能够像容忍自己一样去容忍他人。

退一步才能进两步

在生活中，
懂得适度退让的人比只懂得一味争取的人更有勇气。

人们常说"退一步海阔天空。"其实，退一步的智慧又何止如此。对于任何事情，一味地争强好胜，好勇斗狠，是不可取的。适时地作出一些退步，有时反而能够取得意想不到的进步。懂得退让既不是无原则屈服，更不是软弱退缩，而是在充分了解对手的情况下，作出的明智选择。可以说，退步的目的是为了进步，很多时候退一步才能前进两步。

富兰克林曾多次参与美国的《独立宣言》和宪法的起草和修改工作。有一次，美国的宪法会议在费城举行。会议中，人们对于现行宪法分为了赞成派和反对派，两派人员之间争论得异常激烈。尤其涉及人种、宗教等利害关系之时，两派人员的言辞就更加尖锐刻薄，互相僵持不肯退让。一时间，整个会议的讨论都充满着浓重的火药味。

眼看会议的谈判即将面临破裂的局面。这个时候，持赞成意见的富兰克林站了出来，他不慌不忙地对在场的所有人员说："事实上，我对这个宪法也并非完全赞成。"富兰克林的话刚一出口，会议纷乱的情形就立即停止了，反对派的人士都用怀疑的眼光看着富兰克林。富兰克林仍然不慌不忙，他稍作了一下停顿，然后继续说道："对于这个宪法，我并没有十足的信心，出席本会议的各位代表，也许对于细则还有一些异议，不瞒各位，我此时也和你们一样，对这个宪法是否正确抱有一种怀疑的态度，我就是在这种心境下来签署宪法的……"

富兰克林的话，顿时缓和了反对派激烈、怀疑的情绪。就这样，他们决定顺从富兰克林的观点——让时间来验证一下宪法是否正确。于是，美国的宪法最后终于顺利地通过了。

知进而不知退，善争而不善让，这样的人必然会招来灾祸。对于一件事，如果为了达到目的而一味地只强调好的一面，别人反而很难相信。但如果你主动说出其所存在的弊端，则反而会让人认可你的诚实。就如同富兰克林一般，如果他始终坚持自己强硬的态度赞同宪法的话，必然会使双方的争吵愈演愈烈，甚至导致会议的失败，宪法仍然无法通过。但他却没有这样做，他聪明而巧妙地选择以退为进，在适当的时机放弃了自己的坚持，反而促成了宪法的通过。

退一步才能进两步。只进不退难成气候，一味向前猛冲也不会有好的结果。因此，与其处处碰壁，不如迂回通达，适时进退。

隋炀帝时期，北边的突厥多次率军侵袭太原，大将李渊奉命留守太原，肩负起了保护太原安危的重任。为守城池，李渊派部将王康达率千余人出战，结果却一败涂地，几乎落得个全军覆灭的下场。

在兵力上无法取胜，李渊只好用计吓退突厥兵，暂时保住太原城。虽然突厥兵一时被吓走了，可是受到突厥庇护的郭子和等人依靠突厥的力量依然继续向李渊挑衅。李渊防不胜防，连连吃败仗，眼看太原城就要被攻陷了。

但最要命的并不是太原城的失守，而是朝廷内部对李渊的攻击，这让隋炀帝随时可能以失职为借口，要了他的命。李渊此时面对内忧外患，腹背受敌的险境，他作出了一个大胆的决定。他并没有奋起反击与突厥决一死战，以保住自己的清白和性命，而是自愿向突厥称臣，并把自己所有的财物全都进献给了突厥可汗。

李渊当时手下只有三四万人马，就算要与突厥决一死战，也未必能守住太原，更何况在周边还有盗寇之辈虎视眈眈，这样看来胜利的机会显然是微乎其微。目前最好的办法就是西入关中。太原是一方军事重镇，虽然并不是他理想的发家基地，但保住太原才能顺利西进。如果现在进入关中，留下重兵把守显然不是一个好方法。唯一的办法就是与突厥讲和，甘愿献宝、称臣，所以李渊甘愿忍让，向突厥低头。

李渊的让步策略果然奏效，始毕可汗为了笼络他，资助给他大量的马匹和士兵，李渊又乘机购买了许多马匹。这样一来，他就拥有了一支强硬的战斗队伍，为后来的起事奠定了强有力的基础。而李渊部队当中的突厥兵马更是骁勇善战，大大提高了军队战斗力，这一优势为他增长了不少士气。正是这支队伍，成为李渊夺得江山的先驱部队。

李渊当时的退让，让他背上了卖国贼的罪名，尽管付出了很大代价，但他以退为进，为日后打天下保住了资本。如果他当时誓与敌人奋力一战，必然难敌突厥，甚至还可能丢掉性命，如此一来，也就没有日后夺取天下、建功立业的事情了。

有时候势不如人，技不如人，就该适时让步，免得吃大亏，正所谓"好汉不吃眼前亏"。但是，让步并不是一让到底，而是在麻痹敌人的同时保存自身实力，以等待恰当时机，再设法突围。很多时候过分强调自己的目的，过分坚持自己的想法并不一定能取得预想的效果。

"手把青秧插满田，低头便见水中天；心地清净方为道，退步原来是向前。"陈丹青这首诗告诉人们，过分坚持自己的想法并不一定能取得预想的效果，相反，如果采取一种"退"的策略，也许就是向胜利的方向迈进了一大步。所以，求胜不可心切，强进不如暂退，暂时的退让，是为了将来更长远的前行。

逆境能受屈，顺境才得伸

人生有起有落，有顺有逆，
能屈能伸之人才是真正的大丈夫。

人生在世不外乎有两种境地：一是逆境；二是顺境。在逆境中，困难和压力逼迫身心，这时最重要的是懂得一个"屈"字，委曲求全，隐忍实力，以等待转机的降临。在顺境中，恰逢天时地利人和，这时最重要的就是要懂得一个"伸"字，乘风万里，顺势应时，以便更上一层楼。

那么，到底怎样才是能屈能伸呢？其实，屈是一种难得的糊涂，是在困境中求存的"耐"，在负辱中抗争的"忍"，在名利纷争中的"恕"，在与世无争中的"和"。"伸"，则是以退为进的谋略，以柔克刚的内功，以弱胜强的气概。

俗语说得好，小不忍则乱大谋。忍一时风平浪静，退一步海阔天空。这其中所讲的就是大智大勇的屈伸之道。

为汉高祖刘邦建功立业，立下汗马功劳的大将韩信就是一个懂得屈伸之道的大丈夫。年轻时，韩信家境贫穷，又逢乱世，因此一身本领的他却毫无用武之地。但韩信心怀大志，整天研读兵书，相信自己总有一天能够出人头地，做出一番大事业来。时运不济的韩信，那时连一顿饱饭都没有着落，于是只好背上祖传宝剑，沿街乞讨。

有个财大气粗的屠夫，看到韩信人高马大，又身背宝剑，却如此寒酸，就故意当众奚落他说："你虽然长得人高马大，又好佩刀带剑，但不过是个胆小鬼罢了。你要是不怕死，就一剑捅了我；要是怕死，就从我裤裆底下钻过去。"说罢双腿叉开，摆好姿势。

众人听到屠夫这样说，全都一哄而上，围上去看韩信的笑话。韩信受到这种侮辱，并不动怒，而是认真地打量着屠夫。最后，他竟然真的弯腰趴在地上，从屠夫裤裆下面钻了过去。街上的人顿时哄然大笑，都说韩信是个胆小鬼。

几年后，韩信奋发图强学得一身兵法，军事才能无人能及。最后被萧何引荐到刘邦帐下，很快就做了大将军，成就了自己的一番事业。

韩信忍胯下之辱而图盖世功业，成为千秋佳话。假如他当初为争一时之气，一剑刺死羞辱他的屠夫，那么按照法律，他必然逃脱不了杀人偿命的厄运。韩信深明此理，故而宁愿忍辱负重，忍一时之气，也不愿逞一时之英雄而毁弃自己的长远前程。

隐忍不是屈服，不是退让，而是以退为进，委曲求全。一旦时机到了，就如鱼跃龙门，摇身一变成为一条真龙，从而施展才干，建功立业。俗话说"好汉不吃眼前亏"，忍辱是为了争取更长远的利益实现更高远的目标。"忍之所不能忍，方能为人所不能为。"看似英勇、逞一时意气的人只不过是莽夫一个；而唯有能够忍气吞声、能屈能伸的人才是真正的好汉。

西汉初年，匈奴首领冒顿自立为王，在昌顿单于的带领下，匈奴一族日渐强盛，这就给邻邦东胡造成了一种威胁。为了扼制匈奴的势力，东胡向匈奴不断地发起挑衅，企图灭掉匈奴。

传说匈奴有一匹日行千里的汗血宝马，此马曾为匈奴立下过汗马功劳，被视为匈奴一宝。东胡听说此马后，便派使者到匈奴索要这匹宝马。

冒顿单于明白东胡是在故意挑衅，但他并没有将自己的想法表露出来，而是决定忍痛割爱，将宝马献给东胡。他对臣下说："东胡之所以向我们要宝马，是因为与我们是友好邻邦。区区一匹千里马又算得上什么？如果拒绝东胡的要求，这样有失邻邦和睦。"于是，他就把宝马拱手送给了东胡。

冒顿单于的顺从让东胡大意起来，而实际上，冒顿早已在暗地里壮大实力，养精蓄锐，等待有朝一日能灭掉东胡。

东胡王得到千里马以后，变得狂妄起来，他认为冒顿胆小怕事，根本不足为惧。后来，他又听说冒顿的妻子年轻貌美，端庄贤淑，便心生邪念，派人去匈奴说要纳冒顿之妻为妃。匈奴群臣听闻这个消息后十分愤怒，发誓要与东胡决一死战。

冒顿心里也非常气愤和屈辱，但他明白东胡三番五次向自己发起挑衅，是因为东胡的力量强大，如果双方一旦发生战争，实力悬殊，匈奴必会战败。于是，冒顿强作笑颜，劝告群臣说："天下女子多得是，而东胡却只有一个，怎能因为区区一个女人而伤害与邻邦的友谊呢？"于是，他又把爱妻送给了东胡王。

东胡王轻而易举地得到了千里马与美女，他更加笃定冒顿是个懦弱胆小的人，于是更加骄奢淫逸，寻欢作乐，不理朝政。而此时的匈奴经过冒顿及其群臣精心治理后，政治清明，兵精粮足，其实力已经相当雄厚，甚至远远超过了东胡。

几年后，东胡王更加放肆，第三次派人前往匈奴，索要两邦交界处方圆千里的土地。这时，冒顿单于认为时机已到，义愤填膺地说道："土地乃社稷之根本，岂可割予他人！东胡王抢我千里马，霸我皇后，索我土地，实在是欺人太甚！如今天赐良机，我们要灭掉东胡，以雪国耻。"于是，借此机会，冒顿单于亲自披挂上阵，众人同仇敌忾，在东胡毫无防备之时，一举将其消灭。

冒顿将忍耐当作一种与敌人斗争和周旋的策略，通过曾经所受到过的耻辱刺激群臣，鼓励群臣和百姓卧薪尝胆、发愤图强，先壮大自己，然后再与敌人作战，最终消灭了强敌。

《周易》中说："往者屈也，来者信也，屈信相感而利生焉。尺蠖之屈，以求信也。龙蛇之蛰，以存身也。"意思是说，做尺蠖的好处在于不为人注意，让敌人麻痹大意，从而既避免遭到攻击，又可以赢得发展的时间和空间，等对手注意到了，你的拳头也已经伸到他的下颌了。

在这个世界上，能够忍辱的人必然是有大抱复、大作为的人。因为有远大的理想、有崇高的目标，所以不管面对怎样的逆境，他们都能忍受耻辱，埋头前进。有了逆境的屈从，才能为将来顺境的来临蓄积力量，借势而起。

人生要能够耐得住寂寞

黎明前的黑暗是最漫长，也是最深沉的，唯有耐得住寂寞，才能在煎熬中穿过黑暗与痛苦，最终迎接幸福的曙光。

美国著名心理学家马斯洛说，人群中有10%的人属于自我实现者，他们是最富有创造性，最有社会贡献力的人。这种人往往有独处的需要，他们能化寂寞为力量，最终将人生的寂寞驱逐出去。

人的一生会经历各种各样的苦难，寂寞就是其中一种。有些人被寂寞困扰一生，始终郁郁寡欢直到老死；有的人却能享受寂寞，在寂寞中自我反省，深谋远虑，并以极富创造力的思维和方式获得成功。

相传很久以前，有个年轻有为的国王，虽然他拥有至高无上的权力，但却一直郁郁寡欢。国王终日冥思苦想，终于寻找到了自己抑郁的根源，他总结出两个问题，并相信如果有人能够帮他解答这两个问题，他就会豁然开朗。这两个问题分别是：我一生中最重要的时光是什么时候？我一生中最重要的人是谁？

国王宣告全世界，若有人能圆满回答出这两个问题，他愿意与对方分享财富。于是，世界各地的哲学家、思想家全都赶来了，但没有一个人的答案能让国王满意。

国王为此寝食难安，这时，有人告诉国王，在很远的深山里住着一位非常有智慧的老人，这位老人或许知道国王要找的答案。国王听了非常高兴，立刻动身前往深山寻找。等到达那个智慧老人居住的山脚下时，国王害怕老人避而不见，就把自己装扮成一个普通农民。

智慧老人居住在一所简陋的小屋里，当国王踏进小屋的时候，看见老人正盘腿坐在地上，认真地挖着什么。

"听说你是个很有智慧的人，能回答世人所有的问题，是吗？"国王开口问道，"那么你能告诉我谁是我生命中最重要的人吗？我的人生何时是最重要的时刻呢？"

"帮我挖点土豆，"老人好像根本没有听见国王的问话，继续说道，"然后把它们拿到河边去洗干净。我去烧些水，然后我们做土豆汤喝。"

国王虽然感到莫名其妙，但转念一想，又认为这或许是智慧老人对他的考验，于是就照他说的去做了。就这样，一连几天过去了，老人仍然没有回答他的问题。

又过了几天，国王生气了，他认为智慧老人不但不能回答他的任何问题，还浪费了他宝贵的时间。于是，他表明了自己的身份，并咒骂老人是个大骗子。

老人却不紧不慢地回答说："在我们第一天相遇的时候，我就回答了你的问题，只是你没明白我的意思。"

"什么意思？"国王好奇地问。

"你来的时候我就向你表示欢迎，我邀请你一起挖土豆，喝土豆汤，并让你住在我家里，"老人接着说，"过去的已经过去，将来的还未来临。你要知道，你生命中最重要的时刻就是现在，你生命中最重要的人就是现在和你待在一起的人。"

"可是，我很孤单和寂寞！"国王说道。

"任何人的人生都不是孤立的，哪怕你感觉到孤独的时候也是有人陪着的，那个人就是你自己。只要懂得享受你现在所拥有的一切，你就是幸福。哪怕那是你看不见的孤独和寂寞，对你而言都是幸福的，是生命中的另一种享受！"老人说完就继续做自己的事情去了。

人生最难得的不是拥有，而是享受。国王贵为一国之主，拥有至高无上的权力，虽然他是孤单寂寞的，但他并不懂得用享受来驱逐寂寞。他的一生都沉浸在苦苦追寻和思索中，这才是让他陷入抑郁深渊的根源。

古人说："非淡泊无以明志，非宁静无以致远。"一个人只有坦然地对待内心的孤独和寂寞，把它当作一种生活的享受，人生才会大放光彩。

学会享受寂寞还是一种修为。历史上，看那些大有成就的人，大多都是耐得住寂寞的人，他们能在寂寞之中提升自我，等待时机。

《鲁滨孙漂流记》中，鲁滨孙最初来到无人岛上，是很孤独的，但后来他接纳了孤独，适应了荒岛的生活，并学着把心里的孤独驱逐出去，最终他成了荒岛的主人，在荒岛之上开辟了新生活。每个人都有孤独、寂寞的时候，人们面对孤独，是战胜它还是被它所战胜，就要看人们怎么把握它。

辛弃疾曾经有词曰："笑我庐，门掩草，径生苔。"正是在这样孤独寂寞的环境里，辛弃疾读书写字、潜心创作，生活过得也饶有兴致。没有寂寞的人生是遗憾的人生，拥有寂寞并享受寂寞的人生才是圆满的。拥有寂寞是一种大幸，享受寂寞则是一种境界。

冲动时，请先转身

人生不想有过多遗憾，就不要在冲动时妄下决定，
请先转过身，冷静思考后再做决定。

日常生活中，冲动像影子一样如影随形。当隔壁邻居将音响放到无可忍受的地步时，当偶然间听到别人说自己的坏话时，当无辜受到上司责骂时……人们很容易被激怒，从而做出一些令人后悔的事。

西方有一句古老的谚语："上帝欲毁灭一个人，必先使其疯狂。"一个人无论多么优秀，在冲动的时候，都难以做出正确的抉择。冲动是人类情绪中的顽疾，生活中的许多悲剧都可以找寻到它的影子。

一位老农用毕生的积蓄买了两头牛,在老人的精心照料下,两头牛茁壮成长,几乎同时怀上了小牛崽儿。

这天,老农像往常一样到山上放牛,因为母牛怀上了牛崽儿,胃口大增,老农便驱赶着两头牛渡过了浅浅的河水,来到对岸吃茂盛的青草。可是没多久,天上就下起了暴雨,河水泛滥,小溪不一会儿就变成了激流。

老农急忙赶到岸边,想到河的对岸驱赶两头牛过河,但此时他发现过河已经不可能了,如果徒步涉水,很可能被暴涨的河水冲走。

老农虽然十分着急,但也没有其他办法,只能干等雨停水落。这时,农夫看到一头牛依旧在耐心吃草,一点也不担心过不了河,回不了家,只是不时地抬头看看水面;而另一头牛却焦躁不安,在岸边来回踱着步,最终纵身跳进了河里。

只见跳入水中的牛在激流中游了几米,就被河水卷走了。看到这一幕,对岸的农民却无能为力,只得盯着另一头牛,希望悲剧不要在它身上发生。幸好这头牛依然十分冷静,一直到夜色降临,河水回落了很多时,这头牛才过河回了家。

遇到危险,沉着应对可化险为夷。面对意外,冷静处理方能转危为安。很多时候,沉着、冷静、低调应对,不仅能脱离险境、减少损失,还可以让我们把事情做得更好。

春秋战国时期,魏国国君魏文侯打算出兵攻打中山国,却苦于没有合适的带兵将领,这时,有人推荐了文武都很精通的乐羊。但乐羊的儿子乐舒在中山国任职,大臣纷纷反对,于是任命也就搁置了。后来,魏文侯又听说乐羊曾经拒绝过中山国的任职邀请，还规劝儿子不要辅助昏庸无道的中山国君，于是决定派乐羊为将去攻打中山国。

乐羊果然善于带兵，军队连战连捷，所向披靡，很快就打到了中山国的都城。可是，他把都城围了个水泄不通后却始终不发兵攻打。

一连几个月过去了，乐羊仍然按兵不动，魏国上下却着了急，大臣们怀疑乐羊有二心，纷纷请求魏文侯换将。但魏文侯用人不疑，不为所动，依旧大力支持乐羊。

乐羊听到魏国朝廷的议论后，依然冷静如常，坚持只围不打，最后，连乐羊的属下都忍不住了，有个叫西门豹的人询问乐羊为什么还不进攻，乐羊回答说："我只围不打，还宽限了中山国投降的日期，这样做的主要目的是为了让中山国的百姓看出谁是谁非，是向天下人证明我们是仁义之师，这样才能收服人心，根本与我儿子乐舒没有一点关系。"

这样又坚持了一段时间，中山国都城内终于人心浮动。这时，乐羊认为时机已到，终于发动进攻，果然不费多少兵力就攻下了中山国的都城。

乐羊凯旋回到魏国，魏文侯亲自出城迎接乐羊，并大摆宴席为他庆功。宴席过后，魏文侯又赐给乐羊一只箱子，要乐羊回家后再看。乐羊回家打开箱子一看，竟吓出了一身冷汗。原来，箱子里面全是大臣们诽谤诬告他的奏章。

如果魏文侯一时冲动，听信了那些大臣的话，中途撤换或惩处乐羊，不但不能取得战争的胜利，还会失去一位得力的战将。但是，魏文侯沉着冷静，面对群臣指责乐羊的时候，一如既往地支持乐羊，最终取得了战争的胜利，还赢得了一位人才。

历史上，因为急躁冲动而把事情弄糟的例子有很多，例如直接导致赵国由盛而衰的长平之战，就是因为赵王急于求成，结果中了秦国的离间计,用只会纸上谈兵的赵括中途替换了老将廉颇,结果造成赵国数十万精锐部队被秦军坑杀。面对突发性的事件,急躁、慌忙只会自乱阵脚,于事无补。相反,沉着应对,才可以冷静做事。

身处不利时能够沉着应对是一种境界、一种气度和一种修养。出现意外,焦躁冲动、心慌意乱是不可取的,急于求成的心态往往使得问题更严重。如果能够沉着应对,冷静地分析,常常会有意想不到的转机出现。

冲动是魔鬼,是陷阱,能把人带入万劫不复的地狱。一时的冲动将使人付出惨痛的代价,使人背负一生的悔恨。生活没有彩排,也不能重新来过,不管遇到什么事情,都不要在冲动时做决定或采取行动,请转过身,让自己冷静下来之后再思考你的决定。如果不想做出让自己后悔终生的事,就要能忍一时之气,在冲动面前悬崖勒马,才能冷静应对一切事情。

忍住一时,才能成在日后赢得成功

半蹲是为了更好地起跳,只有能够忍受失败的人,

才能在适当的时机为自己赢得成功。

在人的一生中,最可怕的并不是失败,而是不能忍受失败。人的能力和经验都是在磨砺中逐步提高,逐步成长的,在功成名就之前,必然会经历很多的挫折与失败。能够忍受失败的人,才能够步步为营,最终获得成功;而不能够忍受失败的人,只能在竞争中被淘汰出局。

当年，西楚霸王项羽被刘邦围困垓下，楚军因寡不敌众，粮草短缺，形势变得极为严峻。到了夜晚时分，项羽又听到四面楚歌，顿时大惊失色，说道："汉军是不是已经尽夺楚地了？要不然为何汉军中有这么多楚人在唱歌呢？"当下，他就心灰意冷，悲痛万分地唱道："力拔山兮气盖世，时不利兮骓不逝。骓不逝兮可奈何，虞兮虞兮奈若何！"

随后，项羽麾下壮士八百多人随他突围而出，汉军则紧追不舍。逃亡过程中，项羽一行人也不甘示弱，多次杀出重围，直到最后剩下二十几名壮士跟随项羽左右，而后面紧追不舍的汉军却多达数千人。到了这种境地，项羽仍旧不肯服输，他对身边壮士说："从我起兵开始，到现在已经有八年时间了。我经历了大小七十余战，挡我路者，皆被我攻破；我所击者，皆被我收服，从不曾有过失败，也因此才能够称霸天下。今天被困于此，这是上天要亡我，并不是因我不会打仗造成的。为了向大家证明这一点，我今天要与汉军决一死战，保证连获三胜，为大家解围。"项羽也的确做到了，他率领残余人马在汉军的追兵中穿梭自如，连续杀退追兵三次。

最后，项羽与众将士逃到了乌江岸边。乌江亭长听闻项羽兵败，已经在江边等候多时，当他见到项羽后便急忙迎上前去说："江东虽仅有千里之地、数十万之众，但也足以在那里称王。鄙人在此迎候大王速速渡江，以图东山再起。"项羽却自认兵败如山倒，他笑着说："这是上天要亡我，即使我渡过乌江又有何用！况且我曾与八千江东子弟一起渡江向西，本想成就一番伟业，如今却没有一个人能够生还，即使江东父老兄弟同情我而推举我为王，我又有何面目见他们呢？即使他们嘴里不说，我心里又怎会不感到惭愧呢？"

随后，他将自己的乌骓马送给了乌江亭长，然后命麾下壮士下马迎战尾随而至的汉军。等到所有将士战死，项羽也体力耗尽时，就自刎身亡了。

西楚霸王别姬自刎的结局实在令人痛惜万分，假若当初项羽肯忍得一时之辱，听从乌江亭长的劝告，暂时渡江回江东，那么凭借他的骁勇和威望，大可以重整旗鼓、卷土再来，说不定能够再与刘邦抗衡，那么谁胜谁负都还是未知数。正如杜牧在《题乌江亭》一诗中所说："胜败兵家事不期，包羞忍耻是男儿。江东子弟多才俊，卷土重来未可知。"只可惜，英雄一世的项羽已经做惯了赢家，习惯了战无不胜的辉煌，不能忍一时之败，最终走向自刎的结局。

在战场之上，胜败不过兵家常事，正所谓"留得青山在，不怕没柴烧"，只要还活着，只要还有从头再来的机会，结局就未必是场悲剧。忍受一时的屈辱算不了什么，关键是要保存实力，不做无谓的牺牲。

公元 1 世纪时，斯里兰卡的王位传到了亚瑟手中。亚瑟本是一个沉溺于酒色的浪荡王子，继位后变本加厉，整天在宫女陪伴之下吃喝玩乐，过着奢侈淫逸的生活。日子久了，亚瑟王就厌倦了宫中生活，于是他经常借巡视为名，外出游山玩水。

一次，亚瑟王到玛黑央格那地区游玩，路上遇到了一个相貌和他极为相似名叫苏伯的人。两个人虽然外貌相似，但性格却完全相反，苏伯刚直倔强，聪慧过人，并且力大无比。亚瑟王对他十分感兴趣，不但把他带回宫中，还把他的家眷也都接到了王都。

不久之后，玩世不恭的亚瑟王别出心裁，想到一个新花样：他让苏伯戴上他的皇冠，扮成国王坐在宝座上；而他自己则换上苏伯的衣服站在门口充当卫士。不料，文武百官上朝见驾时竟然认假为真，连连向苏伯行三跪九叩之礼。退朝后，两人再换回各自的衣服。这样的恶作剧让亚瑟王十分开心。渐渐地，两个人的关系便亲密起来，甚至成为无话不谈的好朋友。

后来，亚瑟王得知苏伯有个貌美贤淑的妻子，便动了邪念。一次，他命令苏伯到外省出差，而自己则在夜深人静之时，悄悄溜进苏伯的家中。不料，苏伯因故突然返回都城，并在无意中看到亚瑟王与妻子私会的场景。

苏伯愤怒至极，他真想破窗而入，将亚瑟王一剑刺死，但关键时刻他冷静了下来，想到自己遭受偷妻之辱，苏伯决心忍辱负重，报此大仇。果然到了第二天，苏伯便装作若无其事的样子，仍旧守卫宫门，对国王的态度也一如既往。过了一段时间，亚瑟王以为苏伯对那件事没有察觉，便放下心来。为了解闷，他又叫苏伯和他一起表演那套交换身份的恶作剧。

苏伯终于等到了复仇时机，他像往常一样换上了亚瑟王的衣服。等上朝时间一到，群臣来到宫中，向他请安问好。在这庄严肃穆的气氛中，守卫宫门的亚瑟王竟高兴地笑出声来。大臣们听到一个小小门卫竟然讥笑国王，便齐声怒斥他。

坐在朝堂之上的苏伯则看准时机，他突然勃然大怒，命人将讥笑群臣的守门卫士就地正法。就这样，随着一员武将手起刀落，扮演卫士的亚瑟王便人头落地了。

苏伯虽身负辱妻之仇，但他并没有冲动行事，而是忍辱负重，为自己报了仇，为民除了害，还当上了国王。试想如果当时苏伯忍不了一时之气，现身揭穿亚瑟的话，会怎么样呢？亚瑟是高高在上的国王陛下，而他不过是个小小的守卫，他又能做什么呢？最终不仅不可能报仇，甚至可能白白丢了性命。

以卵击石不是血性，是莽撞；不是勇气，是愚蠢。当你被实力强大的竞争者击败时，千万不要屡屡挑衅、自取其辱，而应该激励自己去积蓄力量，一步步强大起来。只有自己强大了，才可能扭转战局，为曾经的失败雪耻。

人生在世，难免会遇到一些委屈、误解，甚至是毁谤、诬陷、颠倒是非，这些事，不妨忍得一时，尽量保持冷静，忍耐并非懦弱，而是为了成就日后更强大的自己。

退一步，海阔天空

> 小气者斤斤计较，常常戚戚。
> 大气者大开大合，坦坦荡荡。

大文学家维吉尔曾告诫人们："无论遇到什么事，命运终将被忍耐战胜。无论发生什么事，我们都应该首先考虑退步忍让。"现实生活中的许多矛盾，都源于双方的不肯退让，原本可能只是一件鸡毛蒜皮的小事，却可能在相互的争执和前进中愈演愈烈，最终演化成为一场"巨大灾难"。

在一辆公共汽车上，一个外地年轻人一边研究手里的地图一边问售票员说："去颐和园应该在哪儿下车啊？"

售票员是个年轻姑娘，正专心地剔着指甲缝儿，听到有人问自己问题，她头也不抬地回答说："你坐错方向了，应该到对面往回坐。"本来这话也没什么，方向错了就再坐回去呗，但她多说了一句话："拿着地图都看不明白，还看什么劲儿啊！"

旁边的大爷听不下去了，插嘴对小伙儿说："你不用往回坐，再往前坐四站换904路也能到。"要是他说到这儿停止了，那这事也就完了，可他偏偏多说了一句话："现在的年轻人哪，没一个有教养的！"

车上年轻人好多呢，打击面太大了吧！旁边的一位小姐不高兴了，"大爷，没教养的毕竟是少数嘛，您这么一说我们都成什么了！"这位小姐浓妆艳抹，袒胸露背。"您这样上了年纪，看着挺慈祥，一肚子坏水儿的多了去了！"

这话刚说完，不得了，一个中年大姐冒了出来："你这个女孩子怎么能这么跟老人讲话！你对你父母也这么说话吗？"女孩子立刻不吭声，这大姐图嘴快活，又阴阳怪气地补了一句："瞧你那样，估计你父母也管不了你，打扮得跟'鸡'似的！"接着，两人吵成了一团。

"都别吵了，赶快下车吧"，售票员说道，接着她又多说了一句，"要吵统统都给我下车吵去，烦不烦啊！"

这下子所有乘客都愤怒了，整个车厢炸开了锅，骂售票员的，骂时髦小姐的，骂中年大姐的……结果，原本只是一件"坐错车"的小事，却引发了一场热闹的"暴乱"。

试想，如果公交车上每个人都能为他人着想，少说一句，不那么咄咄逼人，那是不是事情就将完全不同了呢？人与人的交往中，总会出现磕磕碰碰的事情，其实在这个时候，只要一人肯退一步，学会包容，学会忍让，不斤斤计较，那么一切问题都将迎刃而解，所有事情也都能够化繁为简。

退一步，海阔天空。退让不是怯懦，不是胆小，而是拥有博大胸怀和处世智慧的表现。有了退让，我们就不会被认为是一介粗鲁的武夫；有了退让，我们就不会被认为是一条莽撞的汉子。有了退让，我们的天空就会一片晴朗；有了退让，我们就会有广阔的人缘和未来。换一句话说，如果我们想培养一份大气之美，想拥有更好的生活和未来，我们就得学会适时适当地退让。

在一次家庭聚会上，林先生和岳父聊起了关于本市一条高速公路的修建问题。

林先生认为说，这条公路修建进度非常缓慢，竣工日期也一再推辞，这绝对是有关部门的问题，应该予以严惩。可是岳父对此却持不同意见，两人唇枪舌剑地辩论起来。

争执到后来，两人都有些火大了，说的话也不由得越来越重。尤其是岳父，情急之下竟指着林先生说了一句："你们这些年轻人，就是太自私，一点没有环保意识！"

岳父这莫须有的人身攻击让林先生非常生气，但好在林先生立刻意识到，如果再继续这样争论下去，难免会坏了和气，况且不管怎么说，岳父也是长辈，不管怎样，自己都不能够出言不逊。于是，林先生一改先前的语气，委婉地对岳父说道："岳父大人，看来我们的意见很难统一啊。不过没关系，求同存异嘛，对于这个问题，我们可能都对了，也可能都错了。但不管我们是对是错，其实都无法影响事态的发展，所以，与其再继续关注这个问题，我们不如关心一下桌上的那锅鸡汤味道怎么样！"

听到林先生这么说，岳父顿时感到有些不好意思，意识到刚才自己话说重了。既然林先生给了自己一个台阶下，岳父自然也愿意就此停止争辩这个问题，两人又继续开始吃饭，聊了很多有意思的话题。

原本只是闲聊时候的一个小插曲，却险些因为两人的争辩而演变成为一场互不相让的争吵。幸好，在关键时刻，林先生的理智占了上风，这才没有因为一时之气而破坏了与岳父之间的感情。而岳父也明白林先生的用心良苦，顺杆而下，为这场家庭聚会画下了完满的句号，让和乐融融的气氛继续保持下去。

忍一时风平浪静，退一步海阔天空。忍让是一种大智慧，懂得在适当时候谦虚忍让，顾全大局的人，才是真正值得敬佩的人。《菜根谭》曰："路径窄处，留一步与人行；滋味浓时，减三分让人尝。此是涉世一极安乐法。"在我们的生活中正是如此，很多事情表面上看，忍让似乎是种吃亏，但实际上，一时的忍让却可能让你的获得比失去更多。

人生在世，并不是所有事情都必须争出个输赢胜负的，争一时之气，哪怕能暂且占据上风，也必然因此而让彼此之间的感情受到伤害。倒不如胸怀坦荡一些，在适当时候做一些让步，让惊涛骇浪在海阔天空之中逐渐平息。这样做不仅不会伤害到彼此之间的感情，更能彰显出你从容大度的修养，何乐而不为啊！

第四章

苛求时转身
包容生活就包容了快乐

人生的快乐，来自豁达的胸襟。矛盾无处不在，摩擦时时都有，挑剔的人，只能看到生活的半面。与其被苛求与恶意折磨，不如转身，让双眼重新看到蓝天大地。

包容万物，快乐多多

被人包容，只显示出自己的渺小；
原谅别人，才能扩大自己的胸怀。

俗话常说，心宽是福。生活中，无论夫妻、邻居，还是同事、上下级之间，都需要一颗宽容之心。因为多一分宽容，就会多添一分喜乐；多一分宽容，就会减少一分忧伤。

宽容可以让人在烦琐与平淡的生活中容纳一切是是非非，让你的那颗心时时刻刻保持一种快乐的状态。

一位少年终日郁郁寡欢，一日他去拜访一位年长的智者。少年问："我如何才能变成一个自己快乐，也能带给别人快乐的人呢？"智者回答说："我送你四句话吧！第一句话是，把自己当成别人。"少年问："是不是说，在我感到痛苦和忧伤的时候，就把自己当成别人，这样就会减轻自己的痛苦；当我欣喜若狂时，把自己当成别人，那狂喜就会变得静如止水？"

智者微微颔首，接着说："第二句话是，把别人当成自己。"少年沉思片刻说："把别人当成自己，就可以真正地同情别人的不幸，理解别人的需求，并且在别人需要的时候给予适当的帮助，对吗？"

智者以慈善的眼光应诺，接着说："第三句话是，把别人当成别人。"少年接着说："这就是说，要充分尊重别人的独立性，在任何情况下都不可侵犯别人的核心和领地？"

智者哈哈大笑，连忙说："好！好！真是孺子可教也！第四句话就是，把自己当成自己。这理解起来很难，留着今后慢慢品味吧！"少年说："好。但是，这四句话之间有许多自相矛盾的地方，我用什么才能把它们统一起来呢？"智者说："这很简单，用你一生的时间和精力。"

仔细思考，其实将这四句话统一起来的要领实际上就是"宽容"二字。懂得宽容，我们才能不对自己苛求，把自己当成别人；懂得宽容，我们才能真正做到换位思考，把别人当成自己；懂得宽容，我们也才能对别人给予理解和空间，把别人真正视作单独的个体；也只有懂得宽容，我们才能给予自己最大的认可与支持，不怕犯错，不随波逐流，将自己当成真正的自己。

俗话说："良言一句三冬暖，恶语伤人六月寒。"在生活中，任谁都难免会有一不小心犯错误的时候，若犯错者已经心存悔意，我们大可不必再去指责、中伤对方，不妨持一种宽容的态度，原谅对方的错误。这样一来，或许对方不仅会心悦诚服地承认错误，还更有可能在接受意见的同时，对我们心存感激。这时，你会发现，快乐者不仅仅是对方，我们自己的内心更会生出一种愉悦之意。

汉高祖刘邦还是汉王的时候，有人把陈平推荐给他。陈平刚到汉营不久，就受到汉王刘邦的赏识。当时，周勃、灌婴等人对此愤愤不平，于是就在刘邦面前说陈平的坏话。周勃说："陈平虽然是个美男子，但他的美貌正如帽子上的美玉，不过是装饰而已，不能证明他有真本领。臣听说陈平在家时就与自己的嫂子私通，后来出来做事，时时反复无常，先在魏王那里做事，后来又在楚王那里做事，如今又归附汉王您。现在大王让他担任护军之职，他不但不尽忠职守，却以此收受贿赂，根据送礼的多少来安排送礼人的去处。希望大王明察。"

刘邦听了十分生气，立刻召来举荐陈平的魏无知，并狠狠地责问他。魏无知辩解道："臣之所以举荐陈平，是因为他有才能，但大王如今问的却是他的品行。尾生、孝己这样的人虽然有好的品行，但却没有战胜敌人的谋略，即使现在有这样的人存在，大王难道有时间去用他们吗？如今楚汉对峙，臣在举荐的时候考虑的只是一个人的计谋能否对国家有利，而不是去考虑这个人是否与嫂嫂私通、是否受贿等。"

刘邦听着有道理，但还是不能放松戒备，于是又召来陈平，问道："先生先效忠魏王，接着效忠楚王，如今又跟随我左右，这是一个讲信义的人能够做出的事情吗？"陈平答道："臣侍奉魏王的时候，魏王不愿意采用臣的建议，所以前去投奔楚王。楚王项羽用人疑人，所信任的只是项氏及其妻子的兄弟，所以臣离开了楚王。听说大王善于用人，所以臣前来归附大王。臣初来此地时身无分文，不收受贿赂就无法安身。如果臣的计谋有可取之处，希望大王采用；否则，请大王把我收受的贿赂充公，并允许我带着无用之身离开。"听了这番话后，刘邦不禁松了一口气，心中畅快了许多。他先是连连向陈平道歉，接着又给予他重赏，之后又任命他为监督各位将领的护军中尉。

不久，楚军破坏了汉军粮道，刘邦被困在荥阳城中。城中粮草不济，汉王想以割让荥阳以西为条件求和，却遭到楚王项羽的拒绝。无奈之下，汉王向陈平问计。陈平利用项王的疑心在楚营中实施离间计，使得范增这位谋略出众的谋士离开了项王。如此一来，项王如失一臂，荥阳之围得解。

人无完人，一个有才能的人未必就拥有高洁的品质，而一个重情重义的人，则未必就有聪明的头脑。每个人身上都有值得称道的优点，但同时,也会具备或多或少的缺点,别人如此,我们自己也亦然。与人交往的时候,如果只盯着对方身上的缺点,那么我们永远无法学到对方身上的优点。给予他人一些宽容,实际上也是在给自己一个机会。拥有一颗宽容之心的人,总能得到别人的拥护和支持,因为每个人都希望能得到别人的理解和支持。被理解和得到宽容时,你将放松心情,从而迈出轻盈的步伐。同时,理解和宽容他人的人,也能得到同样的轻松和快乐。

宽容是一种快乐,生命中多一分宽容,你的生活就会多一分幸福的空间。宽容铸就了生命的幸福,是生活的快乐之源。

常怀包容之心,责人以宽为本

对于别人的错误,应给予包容理解,
若是过分愤懑苛责,只会显出我们的愚蠢和顽固。

人都是非常好面子的,有时候哪怕知道自己犯了错,也难以心平气和地接受别人的指责与批评。甚至可能因为对方的指责,一气之下就放任自己一错再错。因此,对待他人的错误,不妨常怀一颗包容之心,就算是指责别人的错误,也应当以宽恕原谅为前提。否则,即使犯错误的人本来有悔改之心,也有可能会因为他人的指责和批评而产生抵触情绪。

春秋时期,楚庄王在位时,楚国发生了叛乱。楚庄王亲自率领军队平息叛乱,大胜归来后,为了表示祝贺,他于当晚在宫中大宴群臣,与群臣共享盛餐。

到了晚上,宫内宴席之上仍然烛光摇曳,歌舞升平,一派欢乐景象。楚庄王与群臣不拘礼节,开怀畅饮,仍觉意犹未尽。于是,楚庄王一时兴起,让容貌出众的两位爱妃为群臣敬酒助兴。许姬生得国色天香,能够亲手品尝到她奉上的美酒,群臣都受宠若惊。顿时,宴席上更加热闹。正当许姬绕着酒桌挨个向群臣敬酒时,天上卷起一股大风,向宫廷内袭来,顷刻间,蜡烛全部熄灭,整个大厅陷入一片黑暗之中。

正游走在群臣之间的许姬突然感到被人拉住了胳膊,许姬心中一震,但她非常聪明机智,并没有作声,而是趁黑扯断了这个人的帽缨。很快,宫人们将蜡烛点燃,大厅内重新恢复了光明。

许姬来到庄王身边,悄悄将此事告诉了他,并给他看了看手中的帽缨。不料,庄王知道后,并没有发怒。只见他向群臣喊道:"今天,寡人能够与群臣同乐,实在非常高兴。今晚大可免去君臣之礼,大家都把帽缨摘下来吧。"于是,群臣纷纷摘下帽缨。

宴罢,许姬嗔怪庄王不为自己做主,庄王却回答道:"今晚我与众臣同乐,臣子开怀畅饮,酒后失礼是难以避免的。戏弄你的人自然犯下了欺君之罪,如果当众找出此人,必然要治他死罪。但如果此人是有功之臣,治他的死罪不是会让众位将士寒心吗?要知道,失去了人心,就等于失去了整个国家社稷啊!"

就这样,楚庄王从来没有追究过这件事,也一直不知道到底是谁戏弄了许姬。后来,楚郑两国交战,楚庄王率军作战。由于郑国早有埋伏,庄王被郑军围困。此时,一位副将拼死冲入郑军,将庄王救出。回朝后,庄王正打算重赏此人,却被此人辞谢。原来,这位副将便是庆功宴上乘着酒兴摸庄王爱妃许姬玉臂之人。

一次的宽容，换来了一员猛将的忠心，也救了楚庄王的一条性命。如果当日楚庄王无法忍受猥亵爱妃之气，硬要查处非礼之人，那么不但会失去一位英勇杀敌的悍将，更会失去满朝人心。正所谓"以责人之心责己，以恕己之心恕人"，楚庄王正是懂得这个道理，才避免犯下错误，最终赢得了人心。

人们所犯下的错误，大多是无心之失，尚属情有可原。但有些时候，也不免会有因为抵御不了诱惑而明知故犯的人，对于这样的人，我们又是否应该同样本着一颗包容之心来宽恕他呢？

教小孩绝对是一件让人非常头疼的事情，你打他骂他会激起他的叛逆之心，你和他讲道理，有时却也未必讲得通。王芳最近就遇到了一件特别头疼的事儿。

王芳有个7岁的儿子小乐，小乐特别顽皮，平日里就没少给王芳添乱，也真是印证了那句"一天不打，上房揭瓦"的话。当然，打归打，但王芳哪可能真对自己儿子下狠手。

最近，小乐迷上了打游戏，一放学就往游戏厅里跑，为了逮儿子，王芳对游戏厅的分布都快了如指掌了。为了让儿子"戒掉"玩游戏的瘾，王芳道理也讲了，打也打了，骂也骂了，但依然没有任何作用，儿子依旧乐此不疲地往各个游戏厅跑。王芳甚至试过把小乐的零花钱全面停掉，连早餐都是亲自在家给小乐做。但后来，王芳却发现，小乐为了去游戏厅，竟在学校给同学抄作业来"赚"钱。

对于小乐的教育问题，王芳已经是筋疲力尽了。这一天，和往常一样，王芳下班回到家，看到小乐依然没有回来。王芳驾轻就熟地在一家新开的游戏厅找到了小乐，但这一次，或许是已经失望了，也可能是已经累了，王芳没有像往常一样打骂小乐，也没有给他讲大道理。王芳一语不发，带着小乐走出游戏厅之后，给他买了冰激凌，还有他一直嚷嚷着要吃的汉堡。

回到家之后，小乐战战兢兢地看着王芳，过了很久才低声说了句："妈妈，我错了……"

看着儿子许久，王芳突然觉得眼睛一阵湿润，只摸了摸儿子的头，说道："今天累一天了，早点睡觉吧。"说也奇怪，从那天之后，小乐再也没去过游戏厅。

当王芳绞尽脑汁地阻止小乐去游戏厅的时候，小乐却丝毫没有悔改之意，反而和王芳展开了斗智斗勇的周旋。可当王芳已经"缴械投降"的时候，小乐却主动承认错误，甚至主动改正了错误，再也不去游戏厅了，这到底是为什么呢？其实，这种情况并不奇怪。但凡是人都爱面子，或多或少都有叛逆之心。当王芳因为小乐喜欢玩游戏而责骂他的时候，就激起了小乐的叛逆之心，使得小乐或许明明知道这样做不对，但为了"反抗"王芳，偏偏就要这么去做。尤其是当王芳的"高压"手段越来越厉害时，小乐的反抗之心也就越来越强烈。但后来，王芳不再责骂小乐，甚至还带小乐吃冰激凌、吃汉堡，那个时候，王芳的宽容和温柔反而让小乐心生愧疚，故而自觉地进行反省，改正了错误。可见，很多时候，宽容比苛责更有用，温柔比强硬更有力。

古人云，人非圣贤，孰能无过。时刻用一颗宽恕的心去原谅他人的错误，用一种友善的方式让对方认识到自己的错误，然后自发地去改正自己的错误。这样的做法，不但能够让他人悔悟，更会提高自身的修养，得到他人的尊敬。

"忍人所不能忍，行人所不能行；容人所不能容，处人所不能处。"当我们拥有这样一颗包容之心时，必然能够更好地帮助别人改正错误。包容是一种修养，是一种境界，更是一种难能可贵的美德。包容他人，就是在心理上接纳他人，理解他人的做法，尊重他人的原则。在接纳他人的长处、优点时，也不要忘了同样包容他人缺点和过错。只有这样的人，才有资格去指责和评论他人的过错，反之，他人也才会心甘情愿地承认错误和接受指责。

当他人因品行顽劣而犯下错误时，我们应当用慈善来化解，如果只是义愤填膺地去指责，只会让犯错之人错上加错。常怀一颗宽容之心，于己并不会失去什么，反而会收获快乐；于人更能教而改之，收获温情，泽被苍生。

心有计较，常因怀疑而生

当你心生怀疑之际，
世间一切在你眼中都将变得丑陋不堪。

很多时候，我们之所以不能容纳他人，就是因为有一颗怀疑之心，因为疑心能使人心生愚昧、头脑无知。《菜根谭》有云："念头宽厚的，如春风煦育，万物遭之而生；念头忌克的，如朔雪阴凝，万物遭之而死。"心中多了怀疑的成分，就变得狭小，不能再包罗万象。

戴尔夫人，是位有名的贵妇人，她向人们分享了一个发生在她身边的故事。

戴尔夫人经常宴请宾客，而她本人也非常重视每次的宴会，希望都能做到宾主尽欢。于是，她经朋友的推荐，雇用了一位宴会招待。这位招待的名字叫艾丽，据说是个得力的宴会助手，于是戴尔夫人对她抱有很高的期望。可是第一次宴会，却让戴尔夫人大失所望。

这次宴会很失败，不但在宴席之上看不到艾丽的身影，就连艾丽派来的一些侍者都相当不称职。他们看起来根本就不具备一流的服务观念，比如每次上菜，竟然最后上给主客，而且菜肴准备得也一塌糊涂，肉没有炖烂，马铃薯油腻腻的，小菜上进了大盘子等。戴尔夫人简直气急败坏，在宴会上她不断地对自己说，等见到艾丽，一定要给她点颜色瞧瞧。她甚至怀疑艾丽是有意要让她难堪。

宴会结束后，戴尔夫人冷静了下来，朋友们都说艾丽是有名的宴会助手，这中间是不是有什么误会呢？而且，事已至此，即使把艾丽教训一顿也无济于事，反而可能会引发矛盾造成更大的麻烦。于是，她决定站在艾丽的立场来重新考虑这件事：首先，艾丽刚来不久，对侍者的分派任务还不熟，而且厨房的菜也不是她买的，菜肴也不是她做的，她的手下又太笨，对此她也没有办法。另一方面，自己的要求或许也的确太严厉，火气也太大了。

再三思考之后，戴尔夫人决定不再苛责艾丽，反而以一种友善的方式来开导她。第二天，戴尔夫人见到艾丽后，发现艾丽正严阵以待准备争吵。戴尔夫人立刻说道："听我说，艾丽，我希望你能知道，在宴客的时候，你若能在场将对我有多重要！要知道，你是纽约最好的招待。至于这次宴会的失败，我谅解你，因为菜不是你买的，也不是你烧的。那天发生的事的确不在你的掌控之内。"听到这里，艾丽的神情开始松弛了。

艾丽微笑着说："的确，夫人，问题出在厨房。虽然不是我的错，但我也应该负一定的责任。"

戴尔夫人听了很高兴，继续说道："艾丽，我又安排了其他的宴会，我仍然需要你的建议和帮助。我们是不是应该再给厨房一次机会呢？"

艾丽笑了起来，大声说道："当然，夫人，我保证上次的情形不会再发生了！"

接着，在第二次宴会开始之前，戴尔夫人和艾丽一起策划菜单，艾丽还主动提出把服务费用减少一半。这次宴会果然很成功，当戴尔夫人和宾客抵达场地时，餐桌被两打玫瑰装扮得多彩多姿，艾丽也一直亲自在场照应。那天的食物更是精美绝伦，服务完美无缺，饭菜由四位侍者端上来，而不是一位。最后，艾丽更是亲自奉上了可口的点心作为结束。

宴会结束后，宾客们纷纷感谢戴尔夫人的盛情款待，大家对这次美好的回忆更是赞不绝口，说从来没有见过这么周到的服务。

戴尔夫人不但聪明，还有一颗容人之心。她及时去除了怀疑之心，并进行换位思考，使得艾丽不仅愉快地承认了错误，而且在下一次设宴时更是全力以赴地以实际行动弥补了上一次犯下的错误，让众宾客都得到了热情的服务。

疑心常常悄然潜入我们的意识而不易察觉，尤其当我们处事或处世遇到阻碍和羁绊，或心有牵挂难以释怀，抑或对他人所犯之错耿耿于怀之时，疑心都会占据我们原本清净的本性。这时的疑心就像长在一片菜地中的杂草，如果不勤于打理，杂草就会丛生，掩盖本来一片无染的绿色。

疑心过重往往影响正常的人际交往，尤其当他人犯了一点错误之后，就总是胡思乱想不能释怀，以至于很难包容他人的过错。其实，只要从内心深处去换位思考，理解他人，就能得到一颗包罗万象的宽容之心。

害人之心不可有，防人之心不可无。这样的处世法则，使所有人都被那颗怀疑之心占去，结果容不下一点错误。其实，要想让他人改正错误很简单，只要去除怀疑，宽容他人的错误，那么你迎来的将不再是无休止的争吵，而是一个美好的未来。

善待你的敌人，敌人就会消失

所谓天下无敌，就是用一颗仁善的心，化解世间仇怨，
让全天下都不再存在你的敌人。

俗话常说，多个朋友多条路，多个冤家多堵墙。聪明人会忘记仇恨，善待敌人，把堵在双方面前的那堵墙拆掉；愚蠢的人却总是将仇恨放在心上，冤冤相报何时了，结果那堵墙越砌越厚。

古时候，魏国边境与楚国交界的地方有一个小县，小县的县令是一个姓孟的大夫。两国交界的地方住着两国的村民，村民都以种瓜为生。这年春天，两国村民又种下了瓜。

不巧的是，这年春天天气大旱，由于供水不足，瓜苗萎靡不振，长得很慢。魏国村民担心会影响收成，便自行组织一些人，每天晚上挑水到地里浇瓜。连续几天过去了，瓜苗的长势果然好转起来，而且与楚国的瓜苗相比，更是高出了许多。

楚国的村民看到魏国的瓜苗长得又快又好，非常忌妒，于是有些人便

趁夜色偷偷潜到魏国的瓜地里去踩瓜苗。第二天，魏国村民看到自己瓜地里的瓜苗被人糟蹋，就知道一定是楚国的村民在捣乱。于是，大家便请求孟县令替大家讨回公道，有人甚至提出建议，干脆大家一起将楚国的瓜苗也踩个稀巴烂，以解心头之恨。

孟县令知道这件事后，急忙安抚村民，并对他们说："我看，大家最好不要去踩楚国人的瓜地。"村民们气愤至极，哪里听得进劝，纷纷嚷道："难道我们怕他们不成，难道就这样白白受人欺负？"

孟县令摇摇头，耐心地说："如果你们一定要去报复，最多解解心头之恨，可是自此以后，两国就会结下仇怨。你踩我的瓜，我踩你的瓜，这样报复下去，最后谁都收获不到一个好瓜。"

村民听了这话，觉得有道理，于是皱起眉头问道："那我们该怎么办？总不能坐以待毙，眼睁睁着让他们把瓜地糟蹋完吧？"

孟县令说："这样，你们每天晚上去帮助他们浇水，结果怎样，将来自有分晓。"

村民们虽然心有不甘，但还是照县令吩咐的做了。楚国的村民发现魏国村民不但不计仇恨，反倒天天帮他们浇瓜，心中十分惭愧。到了西瓜丰收的季节，楚国村民将一半的收成都送给了魏国村民。从此，两国村民礼尚往来，相处甚好。

这件事很快传到了楚王的耳朵里，楚王原来对魏国虎视眈眈，听了这件事后，不免心有惭愧，更为魏国有这样好的官员和百姓而表示赞赏。

魏王见孟县令和边境村民立下大功，对他们重重嘉赏。

面对仇恨，大多数人都会采取"以牙还牙，以眼还眼"的态度和方式来了结仇恨，然而古往今来，人类演绎了太多冤冤相报和世代为仇的悲剧。其实，如果人人都能够像孟县令和魏国村民一样，善待你的仇敌，放弃不必要的争斗，那么许多悲剧都是可以避免的。

古往今来，像东汉光武帝刘秀、唐太宗李世民，都是擅长化敌为友的典范。他们正是有了这种宽大的胸怀，才使得越来越多的人团结在他们周围，全心全意帮助他们成就一番事业。

尼克松当年参加大选被提名为总统候选人时，洛克菲勒成了他的竞争对手。当时，美国著名外交家基辛格是洛克菲勒的忠实拥护者，他全心全意帮助洛克菲勒拉选票，还时不时地在媒体上大肆抨击尼克松。

当记者问道有关对尼克松的评价时，基辛格以"荒谬可笑"作答，他说："如果尼克松当选为总统，这将是一件更加荒谬可笑的事情，因为他根本没有当总统的资格。"然而，事情并没有像他预料的那样发展，尼克松最终当选为新一届总统。

做了总统的尼克松，对于基辛格在媒体上对自己的评价自然早有耳闻，但他并没有因此而怨恨基辛格，并且还大方而有风度地向基辛格发出了邀请函。基辛格忐忑不安地接受了尼克松的邀请。

两人会面后谈得十分投机，尼克松既没有报复也没有冷落基辛格。最后，尼克松还主动提出与基辛格保持密切联系的要求，这更令基辛格大吃一惊。尽管如此，基辛格还是婉言拒绝了尼克松的好意，但尼克松并不灰心，决定以诚换诚。

第二天，尼克松主动去找基辛格谈话，希望他能够出任总统安全事务助理这个职务，这一职务直接决策着国家外交。基辛格并没有立即答应，但经过几天的思索后，还是接受了尼克松的邀请。尼克松非常高兴，在内阁还未组建之前就提前任命了基辛格。

此后，基辛格在外交方面大展拳脚，为美国赢得了众多荣誉。

一位优秀的领袖必然要懂得知人善任的道理，而一位伟大的领袖则必然要有海纳百川的胸怀。尼克松是一位优秀的领袖，同时也是一位伟大的领袖。他有慧眼识人的目光，但更可贵的是，有容人的雅量。他以真诚和善良对待自己曾经的"敌人"，最后在赢得了对方的友谊之外，还赢得了对方的帮助与支持。

生活中，同样需要化敌为友的包容胸襟。当一个人辱骂你、诋毁你、与你作对的时候，若你采取相同的做法，那么最终只会将仇怨越结越深，最后和对方斗得两败俱伤，得不到任何好处。但如果你选择善待你的敌人，那么你的敌人就会消失，甚至可能最终成为你的盟友，帮助你更上一层楼。"以德报怨"是一种胸襟，更是一种智慧，它不仅能减少自己和对方心中的怨恨，甚至还能让你的敌人开始欣赏、尊敬你。

"无害于天下，终身不遇害，常慈于一切，孰能与为怨。"意思就是说，对天下没有一丝损害的话，自己终身也不会遇害；常常以慈悲之心对待一切，那谁又会把你当成仇敌呢？所谓"天下无敌"，并不是说你必须要比任何一个人都强大，让所有人都敌不过你，而是指你应拥有海纳百川之胸怀，学会善待你的敌人，化解天下仇怨，让全天下都没有你的敌人。而仇恨的心是永远无法化解仇恨的，只有用一颗宽容之心才能化解仇恨，这是永远不变的真理。

不苛求自己，不勉强他人

若是一切随他去，便是人间自在人。

金无足赤，人无完人，世上没有十全十美的人，他人如此，自己也一样。有些人总是执着于追求完美，因此不容许自己有一丝的缺陷，对待他人，眼里更是容不得一点沙子。

《世说新语》中记载着这样一个故事：管宁和华歆本来是一对同窗好友，两个人食则同席，睡则同寝，还经常坐在一起读书学习。

一天，两个人一同在园子里锄菜。突然，管宁从泥土中刨出一小块金子来。但是他照样挥动锄头，看到金子就像见到瓦片、石头一样不为所动；华歆见到金子却立时停下锄菜，他先是拾起金子，而后又握在手里看了又看，最后把它埋在了一个地方，等到没人的时候再将它取出来。

还有一次，管宁和华歆像往常一样一起读书，突然有个达官贵人前呼后拥地从他们门前经过。许多人都跑出去看热闹了，管宁却不为所动，依旧读书。在他旁边的华歆却忍不住了，终于他放下书本走出门外凑热闹去了。不料固执的管宁就此割断席子，将座位一分为二，这样说道："你不是与我志同道合的朋友吗！"然而就与华歆断绝了往来。

后来，天下大乱，管宁隐居辽东，严谨治学三十多年，成为以清高出名的学者，后来中原安定，回到魏国。华歆多次举荐他为官，都被他谢绝。华歆却不同，他在汉桓帝时就任尚书令，后来被曹操看中委以重任，曹操死后，积极支持曹丕篡夺东汉政权的活动，曹丕登基后，封华歆为相国、安乐乡侯、司徒。

管宁才高志清，割席绝交更能体现出他高风亮节的品性，但同时也显示出他是一个既缺乏容人之量，又不顾朋友感受，一心只按自己心意行事的人。一个事事苛求的人，很难得到一个真正的朋友。朋友之间不应过于苛刻，只有多一分理解，才能保证友情的持久。在这点上，华歆就做得很好，虽然他遭到朋友遗弃，但从不介怀，还多次向朝廷举荐华歆。在为人处世上，华歆能够左右逢源，既不苛求自己，也不勉强他人，正因为如此，他才能在朝多年仍得善终。

与管宁不同，鲍叔牙在对待朋友方面就能够做到不苛求。

管仲年轻穷困的时候，曾经与鲍叔牙合伙做过生意，每次赚钱，他都是分给自己的多，分给鲍叔牙的少。但鲍叔牙根本不计较，他不认为管仲贪财，因为他知道管仲家里贫穷。有一次，管仲为鲍叔牙出主意办事，结果事情办得十分糟糕，但鲍叔牙并没有责怪他，也没有因此就认为他是个笨蛋，而是认为失败乃客观条件所限。

管仲曾经三次当官，又三次被罢免，鲍叔牙从不认为是他没出息，而是认为他没有遇到好的机缘。后来，管仲曾经三次作战，三次败北，退下阵来，鲍叔牙也并没有就此认为他是胆小鬼，反而理解他是因为顾虑老母亲。

管仲原来曾为公子纠争当齐国国君出过力，与后来当了齐国国君的公子小白即齐桓公有过"一箭之仇"，公子小白当了国君后，管仲就被"幽禁"而"受辱"，鲍叔牙不认为他忍受侮辱是可耻的，反而明白他"不耻小节"只是不能显明于天下。

不但如此，鲍叔牙还在齐桓公面前极力为管仲说好话，并推荐他当齐国的相国，自己则甘心做管仲的副手。正因为如此，管仲才发出了"生我者父母，知我者鲍叔牙也"的感慨。

鲍叔牙的行为流芳百世，不仅仅是因为他的眼光，更因为他对朋友的理解和支持。

对待他人不必太苛求，对待自己也是一样。我们既然能看到自己的优点，就应该试着接受自己的缺点，世上本来就没有完美的人。摘掉苛求自己的假面具，我们才能够摆脱很多痛苦和烦恼。

人的一生中，最重要的一件事，就是要明确自己的身份和位置，了解自己心里想要的是什么，而不是枉费大量的时间和精力去关心自己本来没有，或者根本与自己无关的事物。

有一个妈妈因为在孩子面前犯了一个错误，一直感到非常懊恼和内疚。但这位妈妈并不想向孩子认错，她认为一旦承认错误，那么自己在孩子心目中的形象从此就被毁了，孩子也一定不会再尊敬和相信她。于是，在内心的煎熬下，她艰难地过着每一天。终于有一天，她实在忍不住了，便向孩子道了歉，承认了自己的错误。可让她出乎意料的是，孩子似乎比以前更爱她了。这位妈妈终于知道，人犯错误是在所难免的，人只有经常犯一些错误，才显得可爱。

人都是会犯错误的，犯错误并不可耻，可耻的是为了掩盖一个错误，而不断犯错，直至最后也不愿意面对自己，承认错误。"人非圣贤，孰能无过"，但有趣的是，在现实生活中，似乎很多人都认为"犯错"是一件非常丢脸的事情，似乎一旦被别人知道你犯了错，自己的社会地位就会自动降级，变得低人一等似的，可事实上，世界上的人，谁没有犯过错误呢？况且在很多时候，当我们因偶然的小错误而备受煎熬时，别人或许早已经一笑置之了。

　　世界上永远都没有完美存在，我们只有学会战胜自我，学会包容别人，允许每个人个性的存在，才能清醒地认识自我，正确地协调自我，完全地掌握自我，从而成为一个拥有快乐和幸福的人。

　　"若是一切随它去，便是人间自在人。"世间的一切已经既定，你又何必苛求，不如随它去。对生活如此，对他人如此，对自己也是如此。做不成大树，就做一棵小草。别人是别人，你是你自己，不必苛求完美。对于那些属于你的，好好把握；不属于你的，就别去奢求。

宽容他人就是善待自己

给他人以宽恕，
实则是给自己以自由。

　　英国大戏剧家莎士比亚曾经说过："宽容就像天上的细雨滋润着大地。它赐福于宽容的人，也赐福于被宽容的人。"宽容他人就是在善待自己。当我们因别人的过错而耿耿于怀时，实际上是在折磨和束缚自己。俗话说，得放手时须放手，得饶人处且饶人。当人们宽容彼此之时，彼此间才能真正得到解放。

　　一个女人来找智者化解自己心中的郁闷，她说自己心中藏着一个人、一件事，这个人以及这件事让她久久不能释怀，为此感到烦恼不堪。

原来，这个女人小的时候，因为家里太穷，她的母亲就把她送给了别人抚养。后来，她知道了这件事，心里面十分怨恨自己的父母，觉得他们当初太狠心了，实在无法原谅。当她长大成人后，她的亲生父母曾多次前来相认，但都被她拒绝了。

她还记得亲生母亲最后一次来找她时的情景，母亲送给她一件自己亲手织的毛衣，她并没有接受，还把毛衣扔在了地上。母亲流着泪走后，她又默默地收起那件毛衣，将她藏在了箱底。

女人后来结了婚，生了孩子，但这些人生乐事并没有消融她内心掩藏着的仇恨。可是，前不久，她得到亲生母亲病危的消息，送信的人还告诉她，她的母亲一直等着她来见最后一面，还让她一定要穿上那件她亲手编织的毛衣。

女人的心里开始慌乱了，自从得到消息后，她夜夜无法安睡，工作时也总是心不在焉。于是她前来找智者，希望智者能为她指一条明路。

听了女人的叙述后，智者问道："请问夫人你是否穿过那件毛衣？"

女人回答："从来没有穿过，我一直将它藏在箱底。"

智者叹了一口气，说道："回去穿一穿它吧！"

女人回到家中，找出那件手织的毛衣。在注视了良久后，她终于流着泪穿上了它，当她把手伸进暖暖的衣兜里时，惊奇地发现一张纸条。她拿纸条，好奇地打开，原来是母亲写给她的一封信。母亲在信上说，那年他们在门外捡了一个被人遗弃的婴孩，当时婴孩奄奄一息，他们实在不忍心弃他不顾，就把他抱回了家，还为他治病。可是家里太穷了，实在养活不了两个孩子，况且捡来的这个孩子又小又病。于是，他们夫妻忍痛割爱，将亲生女儿送给了别人抚养。读到这里，女人已经泪流满面，这么多年来，母亲该有多伤心啊！于是，她慌忙奔向亲生父母那里，希望能见到母亲最后一面，并请求她的原谅。

可是等赶到母亲那里时，她已经与世长辞了。母亲走的时候，手里紧紧握着一颗扣子，正是她毛衣上缺少的那枚扣子。原来，母亲那年送衣服回来，才发现落下一只扣子在家中。母亲捡起扣子，一直想有机会将它缝在毛衣上，这一想就想了十几年，那枚扣子都被母亲摸得掉了颜色。

女人不再怨恨母亲，却从此沉浸在对自己的悔恨之中。这种悔恨，没有人可以帮她化解，也许它会伴随她走完一生。

女人缺少一颗宽容之心，因此她的一生几乎都在悔恨中度过，前半生她一直活在对母亲的怨恨中；后半生她将活在对自己的悔恨中。如果在母亲给她送来毛衣的那天，她能够宽容一次，那么她的后半生就不至于在悔恨和自责中度过了。

宽容别人是善待自己的一种方式。在宽恕别人的同时，自己也最终能得到释放。

舜的父亲在舜的生母去世后又娶了一个妻子，并生了一个儿子。父亲从此便越来越喜欢后妻的儿子，于是总想杀死舜。但舜却孝敬父母、友爱弟弟，从来没有过一点怨言。

有一次，舜爬到粮仓顶上去堵窟窿，父亲就趁机在下面放火烧粮仓。舜借助两个斗笠来保护自己，像长了翅膀一样，从粮仓上跳下来逃走了。后来，父亲又让舜去挖井，舜事先在井壁上凿出一条通往别处的暗道。挖井挖到深处时，父亲和弟弟一起往井里填土，想将舜活埋。不料，井底有条暗道，舜从暗道逃了出来。当舜回到家中时，照常与父母兄弟相处，脸上没有显露出一丝怨恨来。

后来，舜的美名传到了远方，尧帝知道后，就把两个女儿嫁给他，并让位于他，天下人无一不臣服。

每个人都藏有一笔宝藏，那就是宽容，我们之所以没有发现那座宝藏，就是因为被世间种种情愁所困，只有当我们认识到自己的价值后，才能够宽容一切，心中也便豁然开朗。

宽恕别人不是一件容易的事，宽恕那些伤害自己的人更是难上加难。但正因为如此，那些胸怀宽广的人才更受人尊敬。宽容他人就是善待自己，宽容是一种美德，"以德报怨"，用爱来化解仇恨，仇恨也会化成爱。被爱包围，正是宽容他人，善待自己的结果。

容人之短，才能用人之长

金无足赤，人无完人，一个人身上，必然有值得称道的优点，
也存在令人不喜爱的缺点。
而只有当你能够容忍他人的缺点时，你也才可能拥有他人的优点。

古人说："水至清则无鱼，人至察则无徒。"在这个世界上，没有任何一个人是完美的，不管他多么优秀，也总会存在一些瑕疵和缺点。比如一个人，他可能聪明绝顶，才华横溢，但同时或许品行低劣，小肚鸡肠；再比如一个人，他或许义薄云天，至情至性，但同时也可能愚蠢至极，善恶不辨。

当我们与人相处的时候，如果不能容忍对方身上的这些缺点，那么我们自然也不会有机会获得对方身上的优点。要知道，人是一个统一体，他的好与坏永远不可能割裂得清清楚楚，你想拥有他的优点，就必须接受他的缺点。

有一对恋人，他们深爱对方，情深意笃。男人喜欢女人的温柔和善解人意，女人则迷恋男人的体贴和能言善辩，两人相恋一段时间后便走入了婚姻的殿堂，喜结连理。

如果这只是一个普通的爱情故事，或许到这里就该告一段落了。但人生并非如此，他们的婚姻生活才是人生的重头戏。就如人们所说的"相爱容易相处难"，结婚不久之后，他们的婚姻生活就出现了问题，甚至不断升级。

男人发现，女人虽然温柔，但同时非常爱撒娇，自己工作一天下来，回到家里只想静静地休息一会儿，但女人却总是撒娇缠着自己聊天，有时工作加班回来晚了，女人还会唠唠叨叨，怀疑自己，这样的生活让他越来越感到辛苦。

女人呢，一开始她认为男人是非常优秀的，但经过相处之后她逐渐发现了他身上存在的很多缺点，比如懒惰、邋遢，每天回家除了看电视之外，什么都不做。而且也没有婚前那么体贴，会说甜言蜜语了。

最后，在不断争吵之中，两个人都感觉非常疲惫，并决定要离婚。当朋友们得知这件事情之后，都纷纷来劝解他们。朋友说："当初结婚的时候，你们曾承诺，不管对方身上有什么缺点都会去包容、去接受。当时，难道你们真的不知道对方身上存在这些问题吗？又或许，你们曾经深爱彼此的那些理由，现在已经没有了吗？"

听到朋友的话，男人和女人都沉默了，想起曾经的种种，再看看如今坐在自己眼前的伴侣，其实，那些他们曾经被对方深深吸引的东西都没有变过，只是因为自己将目光集中在彼此的缺点上，因而险些忘记了当初对方身上让自己所心动的优点。

相爱容易相处难，每个人都是独特的个体，都有自己独特的个性和习惯，两个人的相处，注定要经历重重磨难和争执，最终在磨合中寻找到最契合的方式。不仅婚姻如此，生活很多方面也都是如此。当我们与别人相处时，必须拥有容人的雅量，接纳对方身上存在的缺点，只有这样，两个人的感情才能和谐长久。

很多时候，当我们对一个人感到不满的时候，往往并不是因为这个人真的已经坏到无可救药，而是因为我们的目光只停留在了对方的缺点上，并且将这一缺点不断放大，以至于最终忽略了他的优点。尤其越是亲近的人，我们越容易会一不小心给予过多的苛责。久而久之，甚至可能让彼此间的感情荡然无存，最终分道扬镳。

其实，只要我们懂得换个角度，多想想对方的优点和好的地方，或许就会有截然不同的感受。要知道，在这个世界上，从来不存在不犯错的人，也从来不存在没有缺点的人。只有懂得容人之短，我们才能用人之长。只有愿意接纳瑕疵，我们也才能近乎完美。

一次森林大战后，两名年轻的战士和部队失去了联系，迷失在大森林中。这两名战士来自同一个小镇，是非常要好的朋友，他们互相扶持，互相鼓励对方，希望能走出这片大森林。

食物短缺是个非常严重的问题，所幸的是，他们第一天就在森林里猎捕到了一只鹿，但好运从此便再也没有降临。几天后，他们拥有的鹿肉已经所剩无几，而且再也没有发现能够果腹的食物。就在这个时候，他们偏偏又遭遇了敌军。

九死一生之后，两人终于脱困，然而，正当走在前方的战士庆幸逃脱一劫的时候，一枚子弹却突然穿过了他的肩膀。几乎就在同一时间，他身后的战友异常慌乱地跑了上来,手忙脚乱地开始替他包扎,并抱着他泪流不止。

幸运的是,几天之后,部队找到了他们,并将他们带回了故乡。之后,他们成了生死之交。直到多年后的某一天,当年那个未受伤的战士突然跪在了那个当初被子弹打中的战士面前,向他忏悔。原来,当时的那一枪并非来自敌人,而是站在身后的他开的,那一刻,他鬼迷心窍,动了杀死战友的心思,这样剩余的食物就能再多支撑他几天……

令人意外的是,对于他的忏悔,战友却似乎不意外。早在战友被枪击中,而他上前来为战友包扎的时候,战友就触碰到了他那微热的枪管,那时,战友就已经明白了一切。当时,他恨不得也给他一枪,但最终战友忍住了,并在挣扎之后宽恕了他。战友相信,当他跑上前为自己包扎的时候,他已经后悔了,他们曾经是最亲密的朋友,虽然在绝望面前,他曾有一瞬间背叛了自己,但他依然还是悔改了。因此,战友决定选择原谅,并依然珍视彼此生死与共的情谊。

对于朋友那一瞬间的背叛,战士选择了原谅,最终收获了坚不可摧的友谊。试想,如果当时战士察觉到是战友开枪的时候,没有原谅战友,而是揭破这一切,那么两人很可能会因冲突而伤害对方,犯下一辈子都难以弥补的错误。

人性是软弱的,在面对恐惧的时候,人往往可能行差就错,呈现出丑陋黑暗的一面,但这并不意味着他就是一个不值得交往的人。这种时候,一丝宽容和善意或许就能拯救他于堕落之中,而苛责则可能让他从此越陷越深,万劫不复。

请给他人一些宽容吧,人无完人,每个人身上都会存在一些缺点,接受这些缺点,你将会发现,在缺点之外,他们拥有更多值得称道的优点。将心放宽,自然能容下一切,也唯有如此,才能赢得他人的好感与信任。

第五章

烦恼时转身
大千世界处处安好

人生的烦恼，大多因为强求。我们需要学会争取，也要学会顺其自然。当缘分成为过去，转身就是一段良辰美景的回忆。

万物皆有缘，不如顺其自然

世间万物都是因缘而生，因缘而聚，因缘而散，因缘而灭，与其苦苦强求，不如顺其自然，任其自在。

前世的五百次回眸才换来今世的擦身而过——这就是我们所说的"缘分"。这种缘分并不单单指儿女私情，还包括父母情、手足情、朋友情等，再广泛地说甚至是你在街头遇见的匆匆行人，还有你身边的一草一木，一件事的前因后果等，这些都是缘分。

正值夏日炎炎，庭院前的草地枯黄了一大片。

"师傅，撒点草种子吧！草地枯黄好难看啊！"正在学园艺的小学徒说。

"等天凉了吧！"园艺师傅挥挥手说，"随时！"

等到中秋时节，园艺师傅买回一包草籽，叫小学徒到庭院播种。这时正值秋高气爽，草籽一边撒一边飘零。

"不好了！好多种子都被吹飞了。"小学徒大声喊道。

"没关系，吹走的多半是空的，撒下去也发不了芽。"园艺师傅说，"随性！"

小学徒刚刚撒完种子，几只啄食的小鸟就飞了过来。

"不好了！种子都被鸟吃了！"小学徒急得直跳脚。

"没关系！种子多，吃不完！"园艺师傅说，"随遇！"

到了晚上，下起了一阵骤雨，清晨时分，小学徒就冲进房间："师傅！这下全完了！草籽都被雨冲走了！"

"冲到哪儿，就在哪儿发芽！"园艺师傅说，"随缘！"

一个星期过去了，庭院原本光秃秃的地面，居然长出许多青翠的草苗。一些原来没播种的角落，也泛出了绿意。小学徒高兴得直拍手。

在这个世界上，总存在一些我们无法抗拒的规律，只有顺应这种规律，事情才能做成，如果非要与这种规律相抗衡，那么我们最终也不过只是白忙一场罢了。就像园艺师傅种草一样，播种要在合适的时间，如果时间不合适，那么种子可能等不到发芽便已然枯槁。而在播种的时候，风来了，风也是一种大自然不可抗拒的存在，既然不可抗拒，那么便也没有必要去试图阻止风。风走了，还有鸟，这广阔的天底下，有千千万万只鸟，你赶走了一只还会有第二只、第三只……与其浪费时间去和鸟抗衡，倒不如争取时间，多播撒些种子。鸟走了，还有突如其来的雨，而这骤降的雨水不仅没有破坏种子，反而将种子带去了更远更广阔的地方。可见，顺其自然往往能够取得意想不到的收获。

世间万事万物都讲究缘分，缘分如天上明月，正如月有阴晴圆缺，缘分也有长有短。万事皆有缘，人生当随缘。随不是跟随，是顺其自然，不怨尤，不躁进，不强求。随不是随便，是把握机缘，不悲观，不刻板，不慌乱。人生随缘，即是随顺自然，毫不执着。

IBM公司的前任总裁小托马斯·沃森，在美国商场上曾呼风唤雨，而他也整日被密密麻麻的事务日程塞满了每一分钟。随着公司的逐日壮大，小托马斯仍旧事必躬亲，结果每日被公司大大小小的事情搞得筋疲力尽。

后来，小托马斯终于感觉到生活如同失去了重心，每天都心神不宁。他先是嘴上起泡，接着是出现各种上火症状，后来胃也开始不舒服，吃不下饭，最后血压也持续升高。一系列的身心变化，也影响了他的工作。

小托马斯不得不去医院接受检查，结果他被诊断出罹患心脏病。医生建议他要多加休息，但小托马斯心里总是放不下公司，仍然不知疲倦地坚持工作。不久之后，小托马斯在一次工作中突然病发，被送往医院进行抢救治疗。

这次，他的主治医师给了他严肃警告，医生说："你现在必须马上住院治疗，如果再耽搁，你就会有生命危险。"

小托马斯听到这个消息，如晴天霹雳，但他仍旧先考虑到公司，他焦躁不安地说："那怎么行？我是公司总裁，承担着巨大的工作任务，公司里每天都有忙不完的工作等着我，我怎么能安心住进医院呢？"

医生无奈地摇了摇头，没有再进行劝说，只是邀请他一起出去走走。走着走着，两个人竟然走到郊区的一个墓地。这时，医生指着坟墓，对小托马斯说："你我总有一天都要永远躺在这儿，不是吗？"

"是的。这是任何人都无法逃避的命运！"小托马斯回答说。

"好。请问到了那时候，因为你的离开，你的公司就不会照常运转了吗？公司就会关门大吉了吗？"

小托马斯一时语塞，答不出来。思考良久之后，小托马斯最终妥协了，他说："是啊，我每天在公司忙忙碌碌，大小事务事必躬亲，这就是我患病的根源吧！而我迟早都会离开公司的，到时我的工作就会有人接手，公司依然能够照常运转！"从此以后，小托马斯离开了公司，安心养病。不久之后，他还建立了一所疗养院，专门接纳那些需要放松疗养的病患。

世界上没有"超人"，任何一个人的能力和精力都是有限的，小托马斯企图让自己包揽下所有的工作，怎能不备受折磨呢？其实，无论工作也好，生活也好，凡事不必苛求自己，只要抱着一种顺其自然的心态去努力，有所为有所不为，一切随缘就好。就像电影《阿甘正传》里的阿甘一样，有一天忽然想跑步了，于是他便兴高采烈地跑了起来。有一天他不想跑了，于是就转身而去，从来不需在乎身后那些"追随者"。

凡事不必刻意强求，顺其自然，做到坦然淡泊，当一个人能淡定自若地笑看潮起潮落，超脱自由地掌控自己的生活，那么他的人生就是成功的。

需要懂得的是，随缘并不是教人不思进取，消极遁世，慵懒沮丧，驻足不前，而是让人们懂得什么叫从容淡定，什么叫张弛有度，什么是安然洒脱。做到如此地步，很多事情自然就能够水到渠成。

很多人仍然要提出疑问，究竟缘为何物？其实，缘就是指万事万物皆有相遇、相随的可能性。有可能即有缘，无可能即无缘。

缘，无处不有，无时不在。缘，有聚有散，有始有终。有人悲叹："天下没有不散的筵席。既然要散，又何必聚？"因为缘是一种存在，是一个过程。苦乐随缘，得失随缘，以"入世"的态度去耕耘，以"出世"的态度去收获，这就是随缘人生的最高境界。

是你的就是你的，不是你的也强求不来

人生不过就是：
得到你应该得到的，失去你应该失去的。

人生总结起来，不过就是"得到"与"失去"的一个过程。得到的是你该得到的，用不着得意；失去的是你该失去的，也用不着烦恼。运气是

一种非常奇妙的东西，俗话说"谋事在人，成事在天"，很多时候，有的事情我们即便付出了十二分的努力，也可能因为一丝丝的运气而导致挫败；而有的事情，我们或许甚至无心去做，却也因为一丝丝的运气而马到功成。人的一生中，得失之间就仿佛有一条无形的线在牵引，这大约正是我们所说的"因缘际会"。既是因缘，又何必强求，不妨淡然处之，尽人事，听天命，便是最好的随缘。

古时候有一位大学问家，他非常喜欢兰花，在传道授业之余，他所有的时间和精力几乎都用来照料兰花。在他的精心栽植下，他的书院里种植了数百盆各色各样的兰花。对于这个大学问家来说，他种植的兰花就像他的生命一样珍贵。

一次，大学问家外出讲课，临走前吩咐一位弟子代自己照料兰花。这位弟子时刻铭记着老师的吩咐，第二天一早起来就赶紧去为兰花浇水。可一不小心，他竟然将整个兰架绊倒，所有的兰花都被打翻了。

这位弟子心中十分懊悔，想到平日这位大学问家如此喜爱兰花，看到这幅情景该是多么伤心难过啊！于是，他决定等老师回来后，在他面前负荆请罪，甘愿接受任何处罚。

过了几日，大学问家回来了，令人意外的是，当他得知这件事后，竟一点也不生气，反倒心平气和地安慰那位弟子："我之所以喜欢兰花，一来觉得它性情高雅，二来兰花还可以美化环境，并不是为了生气才种的啊！"

"可是老师，您多年的心血全都被我毁了！弟子罪孽深重啊！"弟子仍旧忐忑不安地说道。

"世间万物皆无常，不要执着于心爱的事物！得失皆有缘。"大学问家淡然一笑。

我们喜爱一件东西，是因为这件东西能够为我们带来快乐。如果有一天，这件东西成了一种执念，我们反而会被动沦为东西的奴隶，那么这件东西就失去本来的意义了。就像大学问家的兰花，他喜爱兰花，是因为兰花让他感受到快乐，这是兰花之于他最大的意义。而当失去的时候，如果因此而带来悲伤或痛苦，那么兰花也就失去了这一意义，如果兰花失去了这一意义的话，那么他又有什么必要为失去意义的兰花而感到痛苦呢？

俗话说，有得必有失。但在现实生活中，人们却总是习惯得到而害怕失去。因为一点点的得到，我们会认为可喜可贺；因为一点点的失去，我们则认为可惜可叹。其实人生苦短，为了不虚度光阴，我们的确应该追求得到，在这个过程中，我们的生命也会因此而丰富多彩。然而，同时我们还要学会正确看待失去，学会忍受失去。因为失去在我们生活中常常出现，是永远无法避免的。

富甲天下的"陶朱公"范蠡，一生大起大落，面对大得与大失，他从来没有计较过，而正因为他这种看淡世事的风度，他才最终成为人人钦羡的人生赢家。

春秋时期，范蠡帮助越王勾践打败了吴王，成就了一世霸业。胜利后，越王封范蠡为上将军，可范蠡知道勾践为人可共患难却不能共富贵，为避免遭到兔死狗烹的下场，他毅然放弃自己创下的丰功伟业，乘一叶扁舟趁着夜色辞书离去。这一次，他失去了名利，却保住了性命。

辞官离开后，范蠡辗转来到了齐国。为了掩人耳目，他更名改姓，耕于海畔，以养鱼贩鱼为生。没想到，仅仅几年时间，他就凭借过人的头脑，积攒下万贯家财。齐王听说此事后，仰慕他的贤能，请他做宰相。范蠡感叹道："家里有了千金，做官做到宰相，这是一个普通人的极限了。如果总是名声在外，实在是不祥的开始啊。"于是，他将家财散尽，分给左邻右舍，再次隐去。这一次，他又抛名利于不顾，还散尽家财，只为了得到一世清闲。

离开齐国后，范蠡又来到了陶地。刚刚到来不久，范蠡就看见了陶地隐藏着的商机。他认为陶地为贸易要道，可以此致富。于是，他又改名换姓，自称陶朱公，留在此地，继续从事商业经营活动。没用多长时间，又家产丰厚，富可敌国。

天有不测风云，范蠡次子因为杀了人，被楚国囚禁起来。范蠡为了搭救自己的儿子，就派三儿子前去探视，并带上一牛车的黄金。可是长子坚持要替弟弟前去，并以自杀相威胁。没办法，范蠡只好同意由长子前去赎回次子。

到了楚国以后，长子办事不力，更舍不得舍弃钱财，结果使弟弟困死在狱中。范蠡一家得知死讯后悲痛万分，只有范蠡笑着说："我早就知道会有这个结果，这不是长子不爱弟弟，是因为他放不下得失。长子从小与我在一起，知道生存的艰辛，所以不忍舍弃钱财。而小儿子生在家道富裕之时，不知财富来之不易，挥金散银对他来说没什么难的。我先前决定派小儿子去，就是因为他能舍弃钱财，而长子却不能。唉！次子死在楚国也是情理中的事，没什么可悲哀的。"这一次，范蠡失去了两个儿子，毫无收获，但他依然坦然以待，一点也没有感到懊恼和惋惜。

无论是高官厚禄还是富可敌国的财富，范蠡都能坦然取之，又能坦然舍之；即便是面临亲人的生死离别，他都能平静接受。范蠡这种得失心实在近乎异人，也正因如此，范蠡才被称为一代传奇，被后人所景仰。

从人的心理来说，得到了自然高兴，失去了自然懊恼，这是非常正常的，普通人哪有可能真正做到心如止水。但人生想要获得幸福，就必须树立正确的得失观念。当我们得到时，得到的东西就是我们的，没有必要欣喜若狂；而当我们失去时，失去的东西已经与我们毫无关系，没有必要痛哭流涕。人生总结起来其实很简单，不过就是一个得与失的过程，得到我们应该得到的，失去我们应该失去的。当我们能以如此心态面对得失之际，人生自然能够摆脱许多执念与苦恼。

强求不来不如随遇而安，别自寻烦恼

有时候我们不妨冷静地问问自己，我们活着是为了什么？

我们到底在追求什么？

生命中有很多东西是不能强求的，也是强求不来的，不如超脱自由一点，顺其自然、随遇而安。如此，你会发现，即使事情不照自己的计划进行，地球也会照样转，生活也照样继续，而你不仅能活得从容淡定，更会收获意外的惊喜。

有一位年轻人从家里出来，正好经过一家有名的书院，年轻人便想考考里面住着的老教书先生。

一见老教书先生，年轻人就装作不经意地问道："什么是团团转？"

"皆因绳未断！"老教书先生回答。

年轻人大吃一惊。老教书先生急忙问道:"是什么事使得你这样惊讶?"

"老先生,令我惊讶的是,你是怎么知道的呢?"年轻人接着说,"我刚刚在来的路上看到一头牛被绳子穿了鼻子,拴在了树上。这头牛想离开这棵树,到草场上去吃新鲜的草,谁知道他转来转去,就是脱不开身。我本来以为老先生不知道我说的是什么事,一定答不出来,没想到,您一开口就说中了!"

老教书先生微笑着说:"你问的是事,我答的是理;你问的是牛被绳所缚而不得脱身,我答的却是心被俗务纠缠而不得解脱。这是一理通百事啊!"

年轻人大悟。

牛因为一根绳子而失去了活动的自由,我们的心又何尝不是被这样那样的绳子所牵绊呢?人生不如意事十之八九,一切不如随缘而动,不要过分强求什么,不要一味苛求什么,世间万物转头空,名利到头一场梦。想通了,自然豁然开朗,想不通则烦恼丛生。

人生在世,有所为有所不为。有的人急功近利,一生为名利所累,然而到头来其实也不过就是一场空,生不带来的死了也带不去;有的人则悠然自得、随遇而安,一生无所求,虽然庸庸碌碌却也过得怡然自乐,最起码没有凭空生出许多个烦恼。

一个美国人坐在墨西哥湾上的一个码头上观看海景。这时,一位渔夫划着一只小船靠了岸,美国人发现船虽小,却载着几条大黄鱼。美国人知道,这种高档的大黄鱼是很难捕捉到的,于是他断定这个渔夫是个捕鱼高手。

为了证明自己的推测,美国人上前问渔夫:"请问,要抓住这些鱼,需要多长时间啊?"渔夫抬头看了看美国人,笑着说:"一会儿工夫就抓到了！"美国人听了更加惊奇，他连忙问道："这些鱼是很难捕捞的，既然你有这样的捕鱼本领，为什么不多抓一些鱼呢？"渔夫听了哈哈大笑，说道："这些鱼足够我一家人生活所需了，我为什么还要浪费时间多抓几条呢？"

美国人十分纳闷地问道："浪费时间？那你剩下的时间都用来做什么啊？"渔夫告诉他："我每天睡到自然醒，出海抓几条鱼，回来后跟孩子们玩一玩，再懒懒地睡个午觉。睡足了之后，我就踏着夕阳到村子里喝点小酒，跟兄弟们唱唱歌，弹弹吉他，这日子过得真是不亦乐乎！"

美国人听了，十分不解，他急忙替渔夫出主意："不瞒你说，我是美国麻省大学企业管理硕士。你如果按照我说的去做，一定能成为首屈一指的大富翁！你看，你先每天多花一点时间来抓鱼，那么除了生活开支，剩下的钱你就可以去买条大一点的渔船。等有了大一点的渔船后，你自然就能抓更多的鱼，然后再买更多的渔船。到时候，你就可以拥有一个捕捞队了。接着，你就可以自行生产、加工，甚至销售了。最后，你就可以搬离小渔村，到纽约去居住，在那里你的经营事业会得到进一步发展。"

渔夫听到这里，突然问美国人："请问，这需要花多长时间呢？"

美国人回答："20年。"

渔夫接着问："那么20年以后呢？"

美国人激动地说："那时你就可以在家里轻松享受生活啦！你甚至可以再回到小渔村，每天睡到自然醒，醒来以后，出海随便抓几条鱼，然后跟孩子们玩一玩，睡个午觉，喝点小酒！"

渔夫听了哈哈一笑，说道："请问，那跟现在的我有什么区别呢？"

既然渔夫已经在轻松地享受人生了，那么他还需要追求别样的人生吗？如果按照美国人的想法去做，渔夫岂不是自寻烦恼，白白浪费20年的时间，兜个大圈子之后，又回归以前的生活？

世上本无事，庸人自扰之。当我们因为世间种种而感到失落、烦恼时，其实快乐就在我们身边。人生在世，其实是在为自己而活。出生于什么样的环境，成长于什么样的家庭，是否能考上理想的大学，找到一份满意的工作，遇到一位适合的伴侣……既然许多事情无从选择，无力改变，那就不如随遇而安，以从容淡定的生活方式活着，不以物喜，不以己悲，这样才能从根本上远离烦恼。

当然，对于常人来说，要做到无欲无求谈何容易。即使对于"我是谁，谁是我"这样的问题，我们也没有办法经常思考。当我们刻意苛求一件事的时候，不妨扪心自问一下，我们活着是为了什么？我们到底在追求什么？这样，你那颗不平凡的心就会豁然了许多。

人生处处有选择，成功之路不止一条

不执着身，不执着业。不执着心，不执着意。

20世纪伟大的哲学家萨特这样说过："人有选择的自由，但是没有不选择的自由。"大师的话告诉我们一个真理：人生处处有选择，即便是通向成功的地图，也不仅仅只有一条路。

成功的前提是坚持，当我们在前进的道路上为自己选定目标后，就应该懂得坚持不懈，排除万难，这样才能最终走到成功的终点。坚持不懈是一种执着的精神，这种精神对于实现自己的目标是必不可少的。但是，执着并不等于执念，要知道，我们的生活中，有许多事情是不以人的意志为转移的，并不是只要执着地付出努力就一定会取得成功，如果太过执着，让执着变成一种执念，那么反而会阻碍事情的发展和成功。

大西洋中有一种鱼，长得极为漂亮，银肤燕尾大眼睛。这种鱼平时都生活在深海之中，所以不易被人捉到。但是它们会在春夏之交逆流产卵，而后顺着海潮漂流到浅海。这时候，它们就极易被渔民捕到。

其实渔民捕捉它们的方法很简单：用一个孔目粗疏的竹帘，下端系上铁，放入水中，由两个小艇托着。由于这种鱼的"个性"极为要强，不爱转弯，即便是闯入罗网之中也不会停止向前游。所以，一只只银鱼就会一个接一个地陷入竹帘孔中，帘孔受到碰撞就会紧紧收缩。可竹帘缩得越紧，银鱼反倒游得越烈，于是更加拼命地往前冲。结果就被牢牢地卡死在帘孔中，最终成群结队地被渔民所捕获。

这些鱼看似傻得可笑，但实际上，在很多时候，人类和这些鱼并无二致。当人陷入执念的纠缠中时，其实就像这些执着的银鱼一样，冥顽不灵，行事偏激、不懂得变通。明明知道无论再怎么努力也达不到既定的目标，却因为不舍得放弃而固执地坚持，结果被牢牢地卡死在途中。

一位富商在临终前叫来两个儿子，他用颤抖着的双手拿出一把钥匙，对两个儿子说："我一生所赚取的财富，都锁在这把钥匙能打开的箱子里。可是现在，钥匙只有一把，箱子只有一个，我只能把这只钥匙交给你们兄弟其中一人。"

兄弟两个惊讶地看着父亲，几乎异口同声地问道："为什么？这不是让我们兄弟自相残杀吗？"

"这的确有些残忍，但你们要知道人生就是充满着种种选择，而且成功的路也不仅仅只有一条。"父亲顿了一下，继续说道："现在，我让你们自己选择。选择这把钥匙的人必须承担起家庭的责任，按照我的意愿和方式去经营和管理这些财富。拒绝这把钥匙的人，则不必承担任何责任，他的生命完全属于自己，可以按照自己的意愿和方式，去赚箱子以外的任何财富。"

兄弟两个听完以后，各自开始揣摩，接过这把钥匙，就可以一辈子衣食无忧，没有苦难和风险，但也因此会被束缚，限制自己的发展。拒绝这把钥匙的话，就可以拥抱外面更加精彩的世界，闯荡出属于自己的一片天空。但是世事无常，人生无测，谁又能保证这条路不是通向地狱深渊呢？

父亲见两个孩子思考良久都没能做出选择，微微一笑说道："每一种选择都不是最好的，但每一种成功也不仅仅只有一条路。最重要的是，在走自己的路时，要了解自己最想要的是什么？"

最后，两个兄弟豁然开朗，哥哥选择了钥匙，弟弟则说要去闯荡。一晃二十多年过去了，兄弟俩的经历、境遇各不相同。哥哥生活得舒适安逸，他把家业管理得井井有条，而他的性格也变得越来越温和儒雅。弟弟则饱受挫折，他历尽艰辛，经历了几次大起大落，性格则变得刚健果断。他说，在他人生最艰难的时候，也曾抱怨过、后悔过，但他相信父亲的那句话，成功不只有一条路。于是，在经历了人生的起伏跌宕后，他终于创下了一片属于自己的事业。如今，兄弟两人各得其所，都找到了适合自己的生活，他们也真正明白了父亲的良苦用心。

人生的成败，源于选择。在这个世界上，通向成功的道路何止千万条，但要记住，所有的道路都不是别人给的，而是自己选择的。你选择了这条路，那么就选择了这样的人生；选了那条路，就可能塑造一个不一样的人生。因此，要想成功，贵在不执着和善选择。

选择是明智的，它可以决定你的事业和生活的成败。明白的人懂得选择，淡定的人便懂得放弃。每个人都有很大的发展领域，不必固守一处，当前路不通时，赶紧放弃，及时回头，放弃那些曾经坚持的东西，对自己的生活进行重新定位。

"不执着身，不执着业。不执着心，不执着意。"凡事不可太执着，何事本来都是缘。月有阴晴圆缺，缘有聚散离别，一条路走不通，那不如及早放弃，选择另外一条属于自己的；凡事随缘一点，看开一点，不急躁、不过度、不忘形，不忌妒他人的缘，不悔恨自己的缘，缘生缘灭随它去，那么一切都将顺利。

把握拥有的，才能得到想要的

你不缺少的东西，正是你没有的东西；
你没有的东西，恰恰就是你不缺少的东西。

羡慕别人所拥有的，大概是人类的一种天性。小孩子仰慕大人的成熟稳重，大人羡慕小孩子的清纯率直；普通人倾慕名人的卓越尊显，名人羡慕普通人的平凡自适……生活中，人们往往羡慕他人所拥有的，却对自己所拥有的视而不见。

《伊索寓言》中有这样一则故事：猪说，假如让我再活一次，我要做一头牛，工作虽然累点，但名声好，得人喜爱；牛说，假如让我再活一次，我要做一头猪，吃完便睡，睡完便吃，不出力，不流汗，赛如神仙；鹰说，假如让我再活一次，我要做一只鸡，渴了有水，饿了有米，住有房，还有人类的保护；鸡说，假如让我再活一次，我要做一只鹰，可以翱翔天空，云游四海，任意捕杀鸡。

这正反映了生活中的一种现象——风景总在别处。我们总是漠视自己拥有的，而垂涎他人获得的。当然，积极而有分寸的羡慕，能激励人们上进，从而取人之所长，补自己之所短，但消极而无节制的羡慕，只能让人自甘堕落。不如洒脱一点，随缘一点，那时，说不定你就能发现意外的惊喜。

从前，有位樵夫生性愚钝。有一天，他上山砍柴，途中看到一只从未见过的动物。于是，他上前问："你是谁？"

那动物开口说："我是'聪明'。"

樵夫心想：我很愚钝，就是因为缺少"聪明"啊，不如把它捉回去！不料这时，"聪明"突然说："你现在想捉我回去是吗？"

樵夫吓了一跳，心想：我心里想的事，它是怎么知道的？我不妨装出一副满不在意的模样，趁它不注意时赶紧捉住它。

结果，"聪明"又开口说："你现在又想假装成不在意的模样来骗我，等我不注意时把我捉回去，是吗？"樵夫的心事被"聪明"看穿了，他很生气，心想：真是可恶！为什么"聪明"能知道我现在在想什么呢？

谁知这种想法马上又被"聪明"知道了,"聪明"开口道:"你因为没有捉住我而生气吧!"

樵夫见心事又被猜中,于是开始检讨自己:我心中所想的事好像反映在镜子里一样,完全被它看穿。也难怪,谁让它原本就不属于我呢?不如放弃算了,专心砍柴。还是顺其自然的好,干吗生气徒增烦恼呢?

樵夫想到这里,马上挥起斧头,用心去砍柴。谁料一不小心,斧头掉了下来,意外地压在"聪明"头上面,就这样"聪明"立刻被樵夫捉住了。

生命是一种缘,这种缘分不是想就能拥有的。很多时候,命运偏偏喜欢与人作对,你越是想挖空心思去追逐一种东西,就越是不让你如愿以偿。这时候,痴愚者往往不能自拔,最终陷入自己所设的陷阱里,而明智的人正像那个樵夫一样,听天由命、顺其自然,反正与自己无缘,不如早日放弃,早日得到解脱。可偏偏有趣的是,也正因为如此,这名樵夫最终得到了自己想要的"聪明"。

乌鸦和喜鹊都很羡慕对方的房子,于是交换了巢穴。可是,因为各种的不合适,没过几天两个就都后悔了,但它们都不愿意让彼此知道,于是它两个白天"欢天喜地"地为自己的新居高歌,夜晚却躲在巢穴中垂泪。

适合自己,属于自己的东西才是最好的;同样,适合自己,属于自己的生活才是最美的天堂。倘若一味羡慕别人所拥有的,而遗弃自己已经存在的,那只不过是一种一换一的交替,一种得与失的补充,最后你所失去的往往要大于你所得到的。

其实,羡慕别人没有错,但不可轻视自己,迷失自我。要知道,不管别人拥有什么，你缺少什么，都是命中注定的一种机缘，他少不得，你又多不得。每个人都有羡慕的人，同样地，每个人也都在被别人所羡慕着。无论你是谁，身在何处，一定会有另外一些人正羡慕着你。当你正张望别人那处风景时，你的这处风景也正被人张望。

人想要活得开心其实很简单，只要记住两句话：命里有时终会有，命里无时莫强求。人生中很多事情都是讲究缘分的，你与这个人、这件事没有缘分，那么他们在你的生命中就不会出现。既然不会出现，那就说明它们原本就不是属于你的，你也就没有什么可以缺少、可以羡慕的。而如果你与一个人、一件事有缘分，那么无论你怎么躲，也最终会与之有所交集。当然，人生随缘，但也不意味着我们可以完全不努力、不付出，缘分只决定你的机遇，而在这一机遇之中你将过得更好还是过得更差，则在于你个人的能力与努力。

生活中，太多的羡慕其实并不一定是适合自己的。原本不属于自己、不适合自己的东西，就算强行占有，也不一定能给自己带来幸福与快乐，反而徒增许多烦恼和累赘。因此，与其羡慕别人，不如把握自己所拥有的，将自己所具备的优点与长处加以利用，那时你会发现，原来还有一片属于自己的蓝天。

缘分可遇不可求，不要过分执着

尽人事，听天命，天命不可违，
便无须执着，这就是人生的大智慧。

缘，妙不可言。人世间的缘分究竟是什么，这很难说得清。但如果你相信缘分的存在，就应该明白，缘分可遇不可求，该是你的，早晚都是你的；不该是你的，不要去强求得到。

从前有个书生，他和未过门的妻子约好，要在某年某月某日结为连理。书生苦苦等待，可是到了那一天，未婚妻却嫁给了别人，书生从此一病不起，家人用尽办法都不能化解他心中的怨恨，只能眼看着他日渐消瘦，奄奄一息。

一天，书生家门前来了一位老人家，向他们讨碗水喝。书生的家人看老人家又渴又饿的样子，便端出了一碗稀粥给他。老人家喝完粥之后得知了书生的情况，便表示，为了感谢书生的家人，愿意借出一件家传的法宝，来帮书生治病。

家人把这位老人家带到了书生床前，只见老人家从怀里摸出一面镜子，并请书生往镜子里看。书生从镜子中看到茫茫大海，一名遇害的女子赤身露体地躺在海滩上。

这时，路过一人，那人看了一眼那女尸，摇摇头走了。过了一会儿，又路过一人，那人将自己的衣服脱了下来，给女尸盖上，然后走了。不大一会儿，又过来一位路人。这个路人看到这情形，便开始挖坑，然后小心翼翼地将女尸掩埋。

正在这时，镜中又出现了书生的未婚妻，她正与自己的丈夫洞房花烛。书生不解其中意。老人家解释道："这面镜子是我的传家宝，能看到你前世的缘分。你所看到的那具女尸，就是你未婚妻的前世，而你则是第二个路过的人，你曾给过她一件衣服，于是她今生与你相恋只为还你的情。但是，她最终要报答一生一世的人，是那第三个路人。那人就是她现在的丈夫。"

书生听完大彻大悟，从此病症痊愈，恢复了健康。

缘分就像故事中那名女子，她就静静躺在那里，等待自己的下一世情缘。那三个路人，分别是她等到的三种缘分。第一个路人见到了却什么也没做，因此只有一面之缘；第二个路人为女子披上了一件衣服，以免她暴尸荒野，算是尽了一份道义，这算是有缘，只可惜缘不够深；第三个路人将女子安葬，可谓送佛送到西，是懂得惜缘的人。因此，在下一世，女子只与第二个人谈恋爱，却嫁给了第三个人。第二个路人与女子有缘无分，因此不可强求，当他认识到这一点时，他才得以解脱。

生命本身就是一种缘。其实，缘有很多种，能够相识相知的，是一种令人珍惜、令人难忘的缘。但生命中多的是人潮中擦肩而过的行人，夜雨中匆匆相遇的赶路人，这些都是有缘人，只不过这种缘分短暂，不能持久。

从相知到相爱，这是一种难能可贵的缘分，然而这种缘分是建立在互相理解和信任的基础上的。这种缘分不可强求，该来的时候就来了，不该来的时候，努力也没用。它就像天空中残缺的月，漂浮的云，谁也无法控制。

一个女孩全身心地爱上了一个已婚男人，这段恋情自然遭到父母的反对，但女孩不惜与父母断绝关系，离家独居，也不肯放弃这段孽缘。

女孩听信了男人的谎言，一直苦苦坚守着对他的爱情。就这样，女孩从24岁等到了28岁，四年里的每一天，女孩都在等待男人向自己求婚。可男人不但没有与妻子离婚，反而与妻子生下了孩子。女孩伤透了心，大家都纷纷劝说女孩分手，但她认为不能白白浪费自己的青春年华，她要一直等下去，等男人把孩子养大，不再有任何负担。

一年年过去了，女孩变得不再美丽，男人也不再似从前那样与她如胶似漆。于是，她开始愤懑、幽怨，有时还会自卑地问朋友们："难道我真的没有他老婆好，不如她漂亮、贤淑？"有时，她还会跑去酒吧喝个通宵，然后在路上大哭不止。

女孩觉得自己的人生已经是一团糟，但她仍旧不肯放手，她想，既然自己已经付出了那么多，就更不能轻易放弃。

有些缘分不是自己的，过于执着只会让自己越来越痛苦，甚至错过真正属于自己的缘分。女孩死守一份不属于自己的爱情，在那里苦苦挣扎，除了让自己心力交瘁，让家人担惊受怕之外，还扼杀了自己幸福的可能。

生活中有太多东西不需要过分坚持，比如一个不适合自己的职位，一份力不从心的事业，一份有缘无分的情感。许多人之所以不愿意放弃，往往并不是因为心中有多么不舍，而是被过分的执着掩盖了理智，错误地相信，只要坚持一条道走到底，就能够达成所愿。其实，正好相反，只有及早走出这条死胡同，才有可能发现新的开始。正如文学大师斯宾塞·约翰逊曾经说过的那句话："越早放弃旧的奶酪，你就会越早发现新的奶酪。"人生的路很长，人生的选择很多，当一条路走不通时，不如试试转过身，选择另外一条道路，或许你将会发现更美丽的风景，更适合的人。

第六章

拖延时转身
时间不等人

人生的进步，来自坚持与克制。多少人在迟疑延沓中虚耗青春，后悔莫及。贪图安逸时，转身，生命的意义不再得过且过，而在更上层楼。

活出人间好时节，不虚度年华

> 不要计算你过的日子，
> 要使你过的日子算数。

每个人都只拥有一次生命，没有谁的生命比别人更尊贵，也没有谁的生命比别人更卑贱。可惜的是，并不是每个人都懂得生命的意义。懂得生命意义的人，知道要好好活，因为每一天的生命对他来说就是恩赐，这种恩赐经不起一分一秒的等待。

一个旅行者顺着一条蜿蜒的小路来到一个隐没在山谷间的树林。树林里散落着许多白色石头，他随意捡起一块，见上面刻着一些小字："某某，活了六年七个月零三天。"原来这是一块墓碑，旅行者心里突然涌出一道悲伤，这个孩子这么小就死了。

接着，旅行者又转向另一块石头，上面写着："某某，活了三年八个月零七天。"看来这里是一块墓地，旅行者心里想着，又读了几块墓碑，都是一样的形式。只是时间最长的也只有十年。葬在这里的全都是孩子，生命真是太短暂了，旅行者一边感叹一边悲伤地哭了起来。

这时，一位老人循着哭声走了过来。旅行者问老人："这儿是不是发生过什么灾难？为什么这些死者全是孩子？还是这些可怜的孩子遭到过什么可怕的诅咒？"

老人笑了笑说："没有，没有！这里不曾发生过什么灾难，也没有遭到过什么诅咒。只是我们这里的人都有一个记事的习惯,当他遇到人生中的重大事情时,就把它们记到本子上,左边写上事情,右边写这件事情持续的时间。例如,他遇到爱人,陷入了热恋,这个相识的快乐持续了多长时间;比如他出门旅游,在他乡遇到了旧识;比如他创建了自己的公司,这花费了他多少时间。就这样,他一点一滴地在本子上记下这些人生中最有意义的事。当他离开人世的时候,按照我们的风俗,人们便打开本子,把他记下的这些有意义的时间加在一起,然后刻在他的墓碑上。在我们看来,这个时间才是一个人真正的生命时间。"

岁月匆匆,人生苦短。世界上最宝贵的东西就是年华,可最容易被人忽视的也是年华。不知道有多少人年轻时虚度年华,等到老去,才开始抱怨时间流逝得太快,理想都还没来得及实现。

"明日复明日,明日何其多。我生待明日,万事成蹉跎。"《明日歌》告诉我们,要想不荒废岁月,不虚度年华,就要克服拖延,珍视生命中的分分秒秒。等待永远是美好的最大敌人,如果只让理想在梦中开花,而不去把握现在,那么最终留下的可能就只有蹉跎和悔恨了。

先生的大弟子跟随先生学成之后便去闯荡天下,四处讲学了二十年,归来之时已经誉满天下。他回到故乡的第一件事,就是去拜访自己的先生,向他述说自己在外闯荡这二十年的种种见闻和感悟。

最后,大弟子问先生:"这二十年来,先生您一个人还好吗?"

先生回答说:"很好!很好!讲学、读书、著作,每天云游在无边无际的学问里,世上再没有比这件事更快活的了!"

大弟子关心地说道:"先生,您应该多一点时间休息,不要累坏了身子！"

　　这时，夜色已深，先生对大弟子说："夜深了，你休息吧！以后我们再慢慢聊！"等到大弟子洗漱完毕，要回房睡觉时，发觉先生的书房还点着灯。

　　第二天一大早，大弟子就被一阵清脆的读书声叫醒了。弟子走出房间，发现读书声正是从先生的书房里传出来的。原来，先生每天就是这样早起晚睡忙个不停，从没有间断过。

　　吃过早饭，先生开始不厌其烦地对一批又一批前来拜访的人讲学问，下午回到书房后不是批阅弟子们的心得报告，就是拟定授课教材，仿佛这一天总有忙不完的事。

　　见到先生刚与一位客人谈话完毕，大弟子就马上抢着向先生说道："先生，分别二十年，您每天的生活都是这么忙碌，怎么都不觉得您老了呢？"

　　先生哈哈一笑，说道："我没有时间老呀！"

　　大弟子听了恍然大悟，从此将先生的这句话铭记于心。

　　我们说，人生在世一定要好好活，活出人间好时节，那么怎样才算活得好呢？《论语》里曾记录了这样一个故事：孔子带领学生周游列国，一天来到楚国叶城，叶公沈诸梁热情接待了他们，但他对孔子不是十分了解，便悄悄问子路，子路一时不知道该怎么回答。孔子事后得知，便对子路说："你为什么不这么说：其为人也，发愤忘食，乐以忘忧，不知老之将至。"

　　先生说的"没有时间老"与孔子"发愤忘食，乐以忘忧"的自我评价如出一辙。这就是在告诉我们，不要闲着，争取分分秒秒做自己该做的事，这就是好好活着的最高境界。

　　不要计算你过的日子，要使你过的日子算数。岁月经受不起太久的等待，青春经受不起一再的蹉跎。每个人的生命只有一次，要想将自己的生命经营得有价值、有意义，就不要虚度年华。有什么想法，有什么想要完成的事情，不要犹豫，第一时间就去做，不迟疑，不等待，才能活出精彩。

百花丛中过，片叶不沾身

弱水三千，只取一瓢饮。

就像蜜蜂只汲取花蜜，却丝毫不破坏花瓣的美丽和芬芳一般，

仁者亦只汲取智慧，而不迷失于他物之中。

"百花丛中过，片叶不沾身"，这说的是繁华阅尽后的风轻云淡，是在滚滚红尘里走过的是非从容，是"众人皆醉我独醒，纵出淤泥而不染"的清醒。然而，人生在世，又有多少人懂得"弱水三千，只取一瓢饮"的境界和洒脱呢？

一位对古董收藏颇有研究的学者跟随一位朋友去看一位收藏家的收藏。据说，这位收藏家痴迷收藏到达了一种境界，他所收藏的东西都是珍品，随便拿出一件来都是价值千万。

他们穿过条条小巷，来到了一家破旧的公寓面前。学者心中有些不解，顶级的收藏家怎么会将自己的珍品收藏在这种地方呢？

心里想着，收藏家便开门迎接了。在收藏家的带领下，他们连续穿过

三扇钢铁铸造的门，才走进了屋内。室内灯光幽暗，几秒钟过后，两个人才适应了室内昏暗的光线。

只见整个屋子都堆满了古董，地上到处都是陶瓷器、铜器、锡器，层层叠叠，其中还有好多书画卷轴拥挤地插在大大小小的缸里，东西多到连走路都要极其小心，甚至要弯背侧身才能前进。主人好不容易才带他们找到了入座的地方。

也许是因为这些古董散发着令人作呕的陈旧味，也许是因为屋内层层叠叠的破乱感，总之，学者此时此刻觉得自己不像是在欣赏古董，反倒像置身于垃圾堆中。

接着，收藏家不知从哪个角落里端出一个盘子，学者正想感谢主人送上茶水，却发现里面装着的不是茶水，却是一盘玉。原来，收藏家迫不及待地拿出自己的收藏来请学者鉴赏。

无奈之下，学者只好一件一件地鉴赏，并极力地称赞。但他心中其实一直在说，要是端出来的是一壶茶水就好了。

看完玉石，两个人又在收藏家的带领下，来到卧室和客房。他们发现，原来卧室中只有一张可以容身的床，其余的地方全被各种各样的青铜器堆得密不透风。就连厨房和厕所里都堆着古董，可想而知，这家主人已经很久没有做饭了。

从收藏家家里出来后，学者心中竟有一些悲凉，便向朋友吐出种种不解。原来，收藏家之所以选择居住在这种陋巷，就是怕引起盗贼的觊觎。为了谨慎起见，一般人即使想从门外看一眼他的古董，那都是不可能的。而且，他的太太、孩子因为难以忍受他这种嗜好，竟都移民国外了。对此，收藏家却十分不屑，说他的生命里，只要有古董就够了。

听到朋友的解说，学者更觉得无奈。人生几十载，为了区区爱好，竟然甘愿像囚犯一样居住，像乞丐一样生活，这又是何苦呢？更何况，真正地拥有，不一定要全部占有。就算占有再多，迟早会有一死，到时候两手一放，一件也带不走。

人生在世，有所营谋，就必有所烦恼；有所执着，就必有所束缚；有所得，就必有所失。每个人的生命其实都很短暂，如果你把时间都花在财帛上，必然会迷失心灵。如果你日夜为欲望奔走，往往会损耗健康。如果你痴迷一件事，不知道自律，就会忘却整个世界的珍贵。

弱水三千，只取一瓢饮。只有懂得这样的淡定从容，才能真正地活好每一分每一秒。

古时候有个非常聪明又好学的年轻人，每每学习到新的知识都能让他欣喜若狂，渐渐地，他对知识的渴望越来越强烈，甚至产生了想要将世界上所有知识都囊括在脑海中的想法。

可是，世界上的知识怎么可能学得完呢？即便这个年轻人夜以继日地学习，但总还会有新的知识层出不穷。随着时间的流逝，年轻人开始陷入了痛苦之中。

一天，年轻人正在唉声叹气时，一位老人家正好经过，老人家看到年轻人痛苦的样子感到很奇怪，就问道："你怎么了？为什么如此痛苦呀？"

年轻人看了看老人家，重重地叹了口气回答说："这世间的知识实在是太多了，不管我怎么努力学习，都没办法将它们全部学会。既然如此，那我学习它们又有什么意义呢？我付出再多的努力，也始终还是会有很多我不懂的东西，还不如不学算了……"

听到年轻人的话，老人家笑了，说道："我给你讲个故事吧。"

年轻人好奇地问："什么样的故事？"

老人家不紧不慢地讲道："从前，有个人在荒野走了好几天，滴水未进，口渴难耐，到了浑身燥热的地步。可是他一路沿途找水，就是找不到。"

正在他口渴至极时，忽然听到远处传来淙淙水声，没走多远，果然看到一条清澈小河。可是，他竟呆立半天，不前去取水喝。

这时，同行的人觉得纳闷，上前问道："你不是口渴吗？为什么找到水，反而又不喝了呢？"

这人答道："你有所不知，这么多的水，我的肚子哪里装得下啊。所以只好不喝了！"

同行的人听了，不禁摇头叹息："真是个傻子，真是可怜啊！"

这时，经过一位路人，只见那人从怀中掏出一只水瓢，而后从河中舀出一瓢水，说道："弱水三千，我只取一瓢饮！"说完，就将水一口气喝干。

这人见此恍然大悟，忙借过水瓢，取了一碗水喝。

听完这个故事，年轻人大有所悟，又捧起了手中的书，这一次他再也不苦恼了，又找回了当初学习知识时候的欣喜。

弱水三千，只取一瓢，这其实是在告诉我们，过犹不及。蜜蜂只吸取花蜜，却丝毫不破坏花瓣的美丽和芬芳，聪明的人只汲提取智慧，从不迷失于他物之中。

在生活中也是一样，成功其实并不难，只要做好一件事足以。有的人一辈子只做了一件事，就让人记住了；有的人做了一辈子事，却一事无成。人生的价值并不在于你做了多少事情，而是看你做的这一件事情是否最终取得了成功。穿越百花丛，只要单纯去享受这一过程就好，不要无事生非摘取些许花朵，更不要流连忘返迷失在百花之中。

成功是失败之母,别在鲜花和掌声中"倒下"

成功是因为得到了失败,失败是因为得到了成功。

成败不是永恒的,世上没有永远的成功,也没有永远的失败。

"失败乃成功之母",日常生活中,我们经常把这句话放在嘴边,以自我激励,从而期待赢得下一次的成功。但其实,成功又何尝不是失败之母呢?当一个人成功之后,就会迎来无数的鲜花和掌声,于是麻痹大意,得意扬扬,最后放松戒备,一不小心就让失败有机可乘。

历史上,这样的例子比比皆是。一篇《伤仲永》,刻画了一位少年天才的堕落溃败之路;迅速崛起的李自成,龙椅还没坐安稳,就迅速走向崩塌,最后死于无名鼠辈之手,遗恨千古;就算是一代明皇李隆基,在把唐朝推向鼎盛之后,也出现了安史之乱……

当代不少领域也有许多早年成名而后销声匿迹的少年才俊和神童。这些活生生的例子都说明,一个人没有绝对的成功,也没有永远的成功。暂时的鲜花和掌声,带给你的只是暂时的喜悦和肯定。短暂的喜悦之后,应该是另一个阶段的开始,否则这次的成功就只是昙花一现。

东方通信曾一度是国内最大的移动通信上市企业,拥有超过百亿元的销售规模和30多亿元的净资产,并连续6年进入中国500强,而且位列2000年度中国上市公司50强的第18位。

1990年起,东方通信公司就与当时通信技术领先的摩托罗拉公司密切合作，建立了中国第一条世界级技术水平的手机生产流水线。随后，在中国 GSM 移动通信飞速发展的时期，东方通信也不甘示弱，与摩托罗拉结成战略合作伙伴，创造了"国有资产增值 150 倍，产业规模增长 300 倍"的"神话"。

巨大的成功使东方通信在业界瞩目，但同时也使东方通信的管理层形成既定的经验模式。不知不觉中，成为摩托罗拉的中国加工车间的东方通信不但对此毫不介意，更满足于这个角色，毕竟，背靠摩托罗拉这棵大树，收入实在可观。

一时间，东方通信的管理层麻痹大意，沉浸在成功的喜悦中，不但没有任何危机感，没有根据市场变化随时调整自己的方向和策略，更没有去增强自己的核心竞争力。这种状况维持下去，使得东方通信无论在技术上还是销售上，都更加依赖摩托罗拉。成功带来的惰性，使得通信市场具有潜在而巨大的隐患。

果然，进入 2001 年，国内移动通信市场逐渐饱和，这种局面迫使电信运营商大幅削减资本支出，通信设备行业立刻陷入困境。摩托罗拉为了保证自己工厂的订单和生产能力，逐步冻结了与东方通信的战略伙伴关系。没有了摩托罗拉这位老大哥做靠山，东方通信不仅失去了订单，还失去了技术升级的能力。2001 年当年，东方通信的毛利润增长率就从 20% 跌至 10%；到了 2002 年，公司利润负增长 8%；到了 2003 年上半年，公司就出现了巨额亏损，损失高达 6.4 亿元。

东方通信公司从成功到失败的历程告诉我们，成功往往可能正是失败之母。哈佛商学院的工商管理教授克莱顿·克里斯坦森在研究中发现，许多曾经被人们崇拜并效仿的优秀企业，最终却在市场和技术发生突破性变化时，丧失了行业的领先地位。而导致这些领先企业衰败的经营决策，却都是在这些企业被普遍视为世界上最好的企业时做出的。

日本八佰伴创始人和田一夫对此表示赞同，他告诫企业领导者说："当一个公司到达最顶峰的时候，也是最危险的时候。这时，从管理层到普通员工都会有种自豪感，从而缺乏危机感，大家不会再像从前一样努力发现问题并解决问题，长此以往必然危机四伏。"所以，成功其实就是最大的危机。

古今中外，由成到败的例子比比皆是，管理国家如此，管理企业如此，管理自己的人生亦是如此。

从前有个老员外，他非常有钱，但却没有孩子，于是就想从跟随自己的仆从中选择一人来做自己的继承人。

老员外家有个年轻人是负责打扫房间地的，从小就在老员外家做仆人，为人十分老实忠厚，但就是特别缺乏自信，也不懂得自我激励，于是老员外便想提携提携这个年轻人，给他一次机会。

一天，老员外和客人一边谈天说地，一边走过院子，这时，那名年轻人正在院子里专心致志地打扫。突然，老员外大声叫道："好孩子，你过来。"

这个年轻人正专心致志地扫地，并不晓得老员外叫的正是自己。

于是老员外又大声叫道："扫地的好孩子，你过来！"

年轻人感到莫名其妙，转身问道："老爷，您是在叫我吗？"

老员外说道："对，我叫的就是你！"

年轻人问道："老爷，我只是一个扫地的仆人，您怎么屈尊称我为'好孩子'呢？"

老员外反问说："你从在我家做事开始，一直尽职尽责为大家服务，怎么不是我的'好孩子'?"

年轻人听了受宠若惊,连连磕头道谢:"谢谢老爷您这么看重我!"

自此以后,年轻人再也不专心致志地扫地了,每每遇见其他仆人,便趾高气扬地说自己是老爷的"好孩子",将来一定是老爷的接班人。

多年以后,老员外决定"退休",把家中所有生意上的事情都交给他选中的继承人打理,但他所选中的继承人却并不是那个信心满满的年轻人。

年轻人得知结果后非常愤怒,便到老员外面前问个究竟:"您曾经当着客人的面说我是您的'好孩子',可您为什么不选我做您的继承人呢?"

老员外叹息道:"唉!你成于自卑,却败于自满啊!"

年轻人听了这番话,痛苦不已。于是,这个年轻人至死都是一名打扫房间的仆从。

成功失败皆有缘。成功是因为得到了失败,失败是因为得到了成功。成败不是永恒的,世上没有永远的成功,也没有永远的失败。成功了,那是因为多次尝试失败的结果;失败了,那是因为被成功的鲜花和掌声迷失了心智。要想保持成功,就应该时时保持警惕,胜不骄、败不馁,永远保持一个进步的心态,这样才能迎接每一次成功的到来。

请挫折为你上一堂心灵课

人不该因为遭遇困难就轻易改变自己的方向。

这条路走起来困难,另一条路走起来难道就一定比这条路更容易吗?

人生就是一条荆棘密布的小路,步步都是陷阱,处处都有隐患,我们不知道何时何地会遭遇怎样的挫折。不过,有挫折并不可怕,因为挫折就是一堂人生课。面对挫折,关键看你采取怎样的态度,态度不同,结果就大不相同。

有些人遇到挫折和困难,首先会惊恐万分,由于害怕面对残酷的事实,于是他们开始想方设法进行逃避。这样的人是懦弱的,最终也很难有所成就。

有些人,面对挫折之初,还能信心十足,愿意去抗争、去挑战,但意志不够坚定,缺乏恒心,一旦再次遇挫,就会心生抱怨,最终半途而废。

而有些人,他们不怕挫折,因为他们一旦确定了合理的目标,就会始终保持一种必胜的信念,不管中途遇到怎样的变故,都会勇于挑战,屡败屡战。这样的人,才是真正的智者和勇士,也只有这样的人,才能最终将绊脚石变成垫脚石,取得成功。

德国大作曲家贝多芬由于家境贫困,没能上大学。17岁时,贝多芬又得了伤寒和天花,从此以后,他一直被各种各样的病魔折磨,肺痨、关节炎、黄热病、结膜炎,种种病痛让他苦不堪言。26岁时,在音乐方面有所成的他却不幸发现自己的听力渐渐衰退，事业如日中天却迎来了一生最致命的打击，恰巧爱情上也屡遭不顺。在这种境遇下，贝多芬发誓要"扼住命运的喉咙"，与困难和挫折顽强搏斗下去。最终，他的意志战胜了挫折，在乐曲创作事业中，他的生命再次沸腾。

无独有偶，英国诗人勃朗宁夫人 15 岁时就瘫痪在病床上，后来就是靠着顽强的意志力和战斗力同病魔抗争。在 39 岁时，勃朗宁夫人终于从病床上站了起来。她写的《勃朗宁夫人十四行诗》一朝成名。

一批登山者，在登山时遭遇了风暴。其中一位业余登山者被风刮倒了，他尝试自己站起来，可是一连几次都失败了。最终，他屈服了，被永远冰封在了雪山之巅。另外一位登山者遭遇到同样的情况。他丧失知觉后倒在雪地中，当他清醒之后，立刻意识到自己正面临着生死的抉择。这时候，他心里只有一个信念：我要活！于是，他不停地在雪地里行走，以保持体内的热量。最终，他凭借着自己的毅力走回了营地，保住了性命。

第二种人正如那位业余登山者，他在遇到困难之后也试图去挑战，但因为一直不够坚定，最终没能走出绝境；贝多芬、勃朗宁夫人，以及另外一名登山者都是第三种人，他们永不服输，永远坚持着、抗争着。在挫折这堂人生课中，他们学会了坚强、坚持，以及一种不服输的韧劲儿。

成功令人神往，但通向成功的道路却是曲折、迂回、坎坷、艰难的。纵观古今中外的成功者，哪一个不是历尽艰辛才达到人生的顶峰？遇到一点挫折就灰心丧气，遇到一点失败就打退堂鼓，这样的人永远没有办法取得成功。

一位文学创作者，一生痴迷于文学事业，但历经半生的磨炼，由于他的创作风格与众不同，始终没有得到文坛的青睐。然而，在他的垂暮之年，他的作品终于得到了世人的喜爱，凭借着独特的创作风格，他终于一举成名。

一位文学青年十分仰慕这位文学大师，便前去拜访，并请教成功之道。交谈时，年轻人发现，大师谈的全都是自己的失意之处。

文学青年问道："大师，我向您请教成功之道，您为何总是谈一些失败经历呢？"

文学大师听了，微笑着说道："平心而论，我与你谈的正是成功之道，你怎么会觉得是失败之道呢？"

年轻人莫名其妙。

文学大师接着说："年轻人，你要知道，当你在做一件从来没有做过的又极富有价值的事情时，难免会遭到他人的排斥和不理解。当你还没有得到世人的公认时，人们就认为你是一个失败者。面对这种挫折，许多人都无法忍受，于是没办法坚持下去。但事实上，从古至今的成功者在成功之前都曾被认为是彻底的失败者。"

年轻人略有所悟。

文学大师这时语重心长地说："我在此告诉你，我的成功之道就是不被世俗的成功所迷惑，不被种种挫折所吓倒。只要我想要做的事有价值，不管途中遇到多大的困难和失败，我都会一直走下去，直到我的创作得到世人的认可，我就认为我成为了一个真正的成功者。"

在工作与生活中，挫折与困难时常会突然来袭，如果你意志薄弱，怨天尤人，那就只能被挫折打败，成为一个彻彻底底的失败者。若是主动迎上去，战胜挫折，就一定能改变现状，顺利走出低谷。挫折就是这样一堂人生课，它能把软弱变坚强，失败变成功。

真净禅师曾对王安石说过这样一句话："在平日里，对的事情就一定要努力去做，不对的事情就一定要坚决制止，不应该因为困难就轻易改变自己的志向。如果因为现在做起来困难而放弃它，又怎么能知道将来的事情做起来不比现在的更困难呢？"

人生没有随随便便的成功，不要在没行动前就放弃，更不要被挫折吓倒，挫折是一堂引导你通向成功的心灵课。始终保持一个良好的态度去直面它，有了战胜困难的信念和决心，不管多大的艰难险阻，都一定能够顺利度过，最终取得成功。

不要让希望在拖延中流失

拖延是希望的毒药，是梦想的阻碍，
是人生荒废的开端。

有位哲人曾经说过："我们生活在行动中，而不是生活在岁月里。"人生在世，有两件事绝不能做，一是"等"，不能等明天；二是"靠"，不能靠别人，否则你这一生将注定蹉跎。

贝蒂的梦想是做一名电视节目主持人，而她也有足够的条件实现这一梦想。她有良好的家庭背景，父亲是有名的外科医生，母亲是一所名牌大学的教授。为了让她美梦成真，她的家庭给她提供了很大的支持和帮助。从客观条件上说，贝蒂完全有机会实现自己的梦想。

从主观方面来说，贝蒂本身也具有主持人的天赋。当她每次与陌生人相处时，总能很快地与对方打成一片，从而套出对方的心里话。于是，贝蒂常常对自己说："只要有人愿意给我一次上电视主持节目的机会，我一定能一夜成名。"

然而，实际上贝蒂只是这样想，从来没有去做过。她每天都在等待着奇迹的出现，希望自己偶然间被人发觉，一夜成功。期待的时间久了，失望自然也就越来越大。没有人会愿意让一个毫无经验的人去担任电视节目主持人，更没有一个节目主管会跑到外面去搜寻"天才"。

玛丽的梦想同样是做一名电视节目主持人，但与贝蒂不同，玛丽生长在一个不太富裕的家庭，没有良好的家庭背景和人脉关系。艰苦的生活让玛丽从小就知道，天底下没有免费的午餐，要成功就必须努力争取。于是，玛丽白天去给人做工，挣得的钱全部用在了攻读戏剧大学开办的夜校上。毕业之后，玛丽一刻也没有耽误，开始谋职，但这条路对一穷二白的玛丽来说太艰难了。

玛丽几乎跑遍了所有的广播电台和电视台，但屡遭拒绝，因为没有人愿意要一个毫无经验的主持人。虽然屡遭碰壁，但玛丽从来都不认输，她开始尝试着去别的地方寻找机会。一连几个月过去了，玛丽从南方找到北方，终于有一天，她在一家很小的电视台应聘到天气播报员的工作。

虽然这与自己的理想相差甚远，但玛丽还是紧抓住这次机会不放。在那里工作两年后，她在另外一家电视台找到了一份综艺主持人的工作。三年之后，玛丽终于实现了自己的理想，成了一名电视节目主持人。

与玛丽相比，贝蒂虽然在客观方面占据更大的优势，但她却输在了空想和拖延上。与之相反，玛丽从来不敢有半分拖延，她总是朝着自己的希望和目标努力前进，尽管在这一过程中，她吃尽了苦头，历尽了艰难，但最终还是取得了成功。

这个世界充满奇迹，但奇迹并不会主动降临到你头上，要想达成任何愿望，都需要通过自己双手的努力，空想、抱怨、牢骚，这些动动嘴、动动脑的事情谁都会做。可是，想得再多，说得再好，不去行动，就没有任何意义。人生的道路，永远都有机遇潜伏在前方，也许它们是在一些不起眼的角落里，但只要有耐心、有恒心，坚持不懈地去寻找，总能达成所愿。

在一个谈话节目中，主持人采访了一位非常有名的成功人士，当问及他成功的最大秘籍时，这位成功人士分享了曾经发生在自己身上的一个小故事。

他说，在他很小的时候，曾有一天捡到了一个鸟巢，鸟巢里还有一只正嗷嗷待哺的小麻雀。当看到那可爱的小家伙时，年幼的他顿时就生出了一股怜悯之情，于是他决定，要把小麻雀带回家，好好饲养它。

当走到家门口的时候，他突然想起，妈妈曾经说过，不许他饲养小动物。于是，想了片刻之后，他决定将小麻雀放在家门口，自己先进屋去央求妈妈，取得妈妈的同意之后再来接小麻雀。

在软磨硬泡之下，妈妈最后终于点头了，同意他在家里饲养小麻雀。可是，当他兴高采烈地冲到门口，打算把鸟巢拿回家时，却发现，就在自己不在的那段时间里，一只野猫发现了小麻雀，现在，小麻雀早已经成为野猫的腹中餐了。

分享完这个故事之后，那人说道："人生的机遇就像这只小麻雀，稍一犹豫，就可能错过和失去。只有懂得把握时机，果断行动的人，才能获得成功。"

人生无常,谁也不能保证明天会有怎样的命运,谁也不知道拖延和等待会让你错失什么。没有人能预知未来,谁也不能保证明天带来的是崭新的希望还是未知的绝望。所以,人活着就要争取每分每秒地努力,不要让今天的希望成为明天的绝望,更不要让自己的未来在拖延中流失。

若问前世因,今生受者是;若问来世果,今生作者是。若问人生前世的因缘,只要看看今生正在遭受的便是;若要问来世的因缘,只要看今生正在做的便是。昨天种下了因,才有今天的果;明天结下的果,正是因为今天种下了因。如果昨天已废,今天又不去身体力行,那么明天也不会有任何因缘结果。

不管是改变今生还是来世,都需要马上行动。如果你有智慧,就拿出智慧,如果你缺少智慧,那就付出血汗。总之,要想让明天的希望不会化为泡影,就要立刻行动起来,切勿拖延。

认为你行,你就一定行

真正限制、妨碍、埋没你的,

永远只是你自己。

美国著名的成功学大师拿破仑·希尔顿曾说:"信心是生命和力量,信息是奇迹,信心是立世之本。"的确,人类要想进步,离不开自信的力量。有了自信,就会奋发图强;有了自信,就会有百折不挠的努力;有了自信就会有战胜疾病的勇气，有了自信就有了成功的希望。

然而，现实生活中，许多人由于性格、心理、环境、文化背景的影响，总是对自己缺乏信心，或者无法建立起自信，并为此感到烦恼和痛苦。其实，要想树立信心很简单，只要你认为自己行，就一定能行。

世界大战爆发前期，一个经理把全部的财产都投在一种小型制造工具上。但由于世界大战的爆发，一时间他无法取得工厂所需的原材料，只好宣告破产。

钱财的丧失，事业的毁灭，让他一蹶不振。一个早晨，对人生心灰意冷的他离家出走，成了一名流浪汉。流浪的生活没有使他变得坚强，反而让他越来越难过，最后竟想了结自己的生命。

在人生的最低谷，他看到了一本名为"你能行"的书。这本书立刻带给了他勇气和希望，满心欢喜之下，他发誓一定要找到这本书的作者，因为他相信那人一定能让他振作起来。

历尽千辛之后，流浪汉终于见到了那位作者，而且作者也细心听完了他的故事。可是，作者最后却对他说："听了你的故事之后，我也希望能够帮助你，但事实上，我对你却爱莫能助！"

流浪汉听了这句话，一下子从高山跌入了低谷，他低下头喃喃说道："这下完了！"

这时，作者又说道："虽然我不能帮助你，但我可以介绍你认识一个人，他一定能让你重新振作起来。"

于是，作者把他带到一面高大的镜子前，他用手指着镜子说："我介绍的就是这个人。在这个世界上，只有这个人能够使你东山再起。现在请你坐下来，彻底认识这个人，否则你只能跳河自尽了。"

流浪汉朝着镜子向前走了几步，用手摸了摸长满胡茬的肮脏的脸孔，然后对着镜子里的人从头到脚打量了一番。接着，他后退几步，开始哭泣。

几天后，作者在街上再次碰见了这个流浪汉，他变了样，几乎让人认不出来。他迈着轻盈的步伐，高高地抬着头走向作者，并向他轻松地打着招呼。他对作者说："这简直难以置信，那天我走进你办公室的时候还是一个流浪汉，可今天却找到一份3000美元的工作。这全是你的功劳，感谢你介绍我认识了自己，我重新找回了自信，我告诉自己我能行，结果我就真的做到了。"

信心是一种预料一定能够实现的心理，它不能被猜疑、想象或怀疑，但它能够被人感知。怀有信心的人，能够洞悉他全部的人生之路，失去信心的人则只能被命运左右。

自信对成功尤其重要，它是人们不断前进，迈向成功的动力，是促使一个人积极向上的力量源泉。在许多伟人身上，人们都能看到超凡的自信心。正是在自信心的驱动下，他们才敢于对自己提出更高的要求，在失败中坚守成功的希望，鼓励自己不断努力，从而获得最终的胜利。

林勇是个对自己非常没有自信的人，总是认为自己非常平庸，不管做什么事情都不能取得成功。在强烈的自卑感作用下，林勇不管做什么，但凡遇到一点点的小挫折，便会半途而废，不敢再坚持下去。

林勇的叔叔是一名雕刻家，当他发现林勇所存在的问题时，便打算开导开导他，让他能更有自信，更有勇气地面对生活。得知叔叔的来意后，不等叔叔开口，林勇就赶紧说道："叔叔，算了吧，你侄子我天生愚钝，脑袋就跟石头似的，顽固不化，实在不好用，干什么都难以成事，能混口饭吃就不错了。"叔叔听了林勇的话后默不作声,只是将他带到了自己的工作室里。叔叔的工作室里放满了大大小小的雕像,这些都是叔叔有名的作品。

叔叔问林勇说:"你看你面前的是什么?"

林勇环顾了一圈,摸着脑袋说:"这不就是叔叔你的艺术品吗?这可是值钱的玩意儿啊!"

于是叔叔走到了其中一尊雕像跟前,用手轻轻抚摸着雕像问道:"你看,它们都是用什么做的?"

林勇想也不想就回答:"是用石头雕的呗。"

叔叔说道:"石头都能成为价值连城的艺术品,那脑袋像石头一样顽固不化的你又会怎么样呢?"

听了叔叔的话,林勇若有所思。从此以后,不管做任何事情,林勇都不再退缩,经过几年的坚持和奋斗,他有了自己的公司,开创了自己的事业。

自信就是相信自己,认为自己能行。当你能够认识自己、相信自己,并怀着这样的心情遵循内心的梦想时,自身就真的会充满力量和激情,从而把精力专注于所从事的事情上来。这样一来,在你的人生旅途中,不论是面临荆棘还是坦途,不论是遭遇赞扬还是责难,你就都会义无反顾地坚持下去,直到你真的做到。

真正限制、妨碍、埋没你的,只会是你自己,因此永远不要画地自限。要相信,认为自己行,你就一定能行。

能受教才能进步

人能听进多少批评，

就能取得多大进步。

"谦虚使人进步，骄傲使人落后"，"满招损，谦受益"，这些俗语古语貌似耳熟能详，但事实上却没有几个人能真正做到。

日常生活中，人们往往取得一点成绩就容易沾沾自喜，结果被眼前小小的胜利冲昏头脑，最后把辛辛苦苦得来的成绩毁于一旦。因此，还是谦虚点好，只有那些能听得了批评的人，受得了教育的人才能得到进步。

苏轼出身书香世家，从小就受父亲苏洵的影响，非常喜欢读书。而且他天资聪明，博闻强记，每看完一篇文章，都能一字不漏地背出来。

经过几年的苦读，年少的苏轼已经是饱学之士，别人看不懂的书，他能看懂；别人不认识的字，他能认得；别人难以理解的文章，他却能评头论足一番。这样一来，小小年纪的他就受到许多人的敬仰，有的人一把胡子了还要拜他为师。

于是苏轼扬扬得意起来。苏轼的启蒙老师知道以后，很是担忧，特地叫人送他一幅"学无止境"的条幅。可苏轼看后却不以为然，认为老师是忌妒自己的才能，就把字幅随意往书房一丢。

一天，苏轼挥笔写了一副对联，自以为十分出彩，就命家人贴在大门口。对联是这样的：读遍天下书，识尽人间字。苏轼这正是以当代才子自居，有的人见了后连连称赞，有的却直摇头，认为他年少轻狂。启蒙老师得知后，更是气得吃不下饭。

正当苏轼为自己的对联得意扬扬时，门外有一位白胡子老人求见。苏轼见到老人后，问道："老人家有什么事？"

老人家反问道："难道先生真的已经读遍天下书，识尽人间字了？"

苏轼一听，心里略有不爽，傲慢地回答说："难道我还能骗人不成？"

老人家大喜，忙从口袋里摸出一本书，递上前说："我这儿有一本书，上面有些字实在不认得，请先生帮我识识看。"

苏轼心里想：老人是想考考我吧！这有什么？难道我苏轼会怕你不成？于是，他接过书仔细一看，紧接着他倒抽一口凉气，从头翻到尾，从尾翻到头，急得说不出一句话来。

原来，这书上的字，他竟一个也认不出来。最后，苏轼满脸通红，将书归还老人，惭愧地说："我从未读过这样的书。"

老人这时微微一笑，说："你从没读过这本书，怎么能称得上读遍天下书呢？"

苏轼听了，羞愧万分，急忙叫人把门上的对联撕下来。老人忙上前阻止说："待我把对联改上一改！"于是，对联就改成了："发愤读遍天下书，立志识尽人间字。"

老人谆谆告诫道："年轻人，学无止境，学无止境啊！"

苏轼听了，醍醐灌顶，回到书房，立刻找出老师赠的那幅字，把它张贴起来。从此，苏轼谦恭读书，勤奋学习，终于成为有名的文学家。

一个人，能够听进多少批评，就能取得多少进步。而一旦骄傲自大起来，人们就会不自觉地堵上耳朵，沉浸在自我满足之中，失去进步的空间。一时的成功得意说明不了什么，人生的路很长，也许下一刻你就会被难题打倒。所以，永远不要骄傲自大。

接受教诲才能始终保持进步的脚步，虚怀若谷才能装得下万物。世上太多人不是不懂得这个道理，而是因为一颗骄傲的心不肯放下来接受教诲。殊不知，受教并不是一件丢人的事，反而是一件值得庆幸的事，因为还有人愿意为你指出错误。

一日，一位知书达理的秀才在林间散步，偶然间走近一个莲花池。秀才看到莲花盛开，美丽动人。于是，情不自禁便弯腰摘了一朵，正当他要转身离开的时候，突然听到一个低沉的声音说道："是谁？竟敢偷采莲花！"

秀才环顾四周，并无一人，只好对着莲花回答："你又是谁？莲花是你的吗？为什么来指责我？"

那声音立刻回答："枉你是个读书人，心生贪念，偷摘莲花却不知反省，还敢问这莲花是不是我的！"

秀才内心顿时深感惭愧，但并不想就此认错，正想反驳之时，却突然看到另外一个人闯入莲花池。只听那人开心地说："这么好看的莲花，我要把它统统摘去卖掉！"说着，就跳进莲花池，将莲花采了个精光，然后大笑而去。

秀才心想，这下好了，我只摘了一朵莲花，那人却偷掉了所有莲花，我所犯的错误跟他比起来，简直是小巫见大巫。于是，他就等着看那偷花贼该受到怎样的惩罚，可是一直到那人远去失去了踪影，也不曾听见任何动静。

这下，秀才愤愤不平起来，认为对方是欺软怕硬，于是对着莲花池喊道："我因为见到莲花美丽，才心生爱怜摘了一朵，不想却受到你的斥责。可那人贪图不义之财，偷走整池的莲花，而你却视而不见，这是什么道理？"

那声音说道："你本是个读书之人，懂得明辨是非，内心高洁清雅，哪怕沾上一点污染都十分明显，所以我才斥责你赶快去除那块污渍，恢复纯净。而那偷花贼本来就内心黑暗，再脏再黑我也不能令他悔悟，只能任他承受恶业，所以才沉默不语。"

秀才听了沉默不语。

那声音接着说道："你有缺点还能被人看到，看到了还愿意去纠正教导你，这应该是值得庆幸的事啊！"

人都喜欢接受夸奖，而不喜欢接受批评，但实际上，真正能帮助你进步的，正是批评。当有别人批评你，指出你的不足时，你便会认识到自己的缺陷，从而进行改正，取得进步。如果有一天，再也没有任何人批评你，指出你的不足，那么你或许将永远失去进步的空间。因此，能够听到别人对你提出的建议是一种福气，这说明，你的人生正在不断进步，不断向前。

日常生活中，当我们做了错事，受到父母或他人的批评时，又会如何对待呢？不要为此心生埋怨，更不要感到不服气，我们反而应该满怀感激。受教是一件值得庆幸的事，因为它能让你改正错误，从而更加进步。

狂妄自大使人心生骄傲，这就像盲人点灯，照亮别人，自己却置身黑暗而不自知。所以，只要你还能听到批评教育的声音，就开心接受吧！

第七章

执迷时转身
告别是为了更好地生活

人生的收获，全部来自放弃。有得必有失，过分执迷的人无法拥有更多。执迷不应是走火入魔，转身，是告别过去，是为了更多的幸福。

放下欲求万千，点亮心灯一盏

> 人生是活在欲海里，欲海不可怕，可怕的是浮沉在欲海里，在欲海里没顶，那就是人生最大的悲哀了。

某个事物，得不到时魂牵梦绕，得到了之后又觉得"不过如此"。这是每个人都曾有过的心境。很多时候，我们苦苦追寻的东西，或许要等走近了才发现根本不是自己真正想要的。当初我们为什么会对一件我们不需要的东西如此执着？其实就是因为心中有"贪念"。"天下熙熙，皆为利来，天下攘攘，皆为利往。"从古至今，多少人在混乱的名利场中丧失原则，迷失自我，百般挣扎却反而落得身败名裂。

金钱地位，放不下；权力地位，放不下；私心欲望，放不下。放不下的东西太多，想要的东西太多，反而让人迷失了方向。

一位大师曾说，我相信每个人都是佛，在思想和精神的层面上都是有追求的。不过是因为物质世界的繁杂纷扰，让一些人走错了路而已。《红楼梦》里的开篇偈语也说："人人都说神仙好，惟有功名忘不了。人人都晓神仙好，只有金银忘不了。"这首《好了歌》，生动地刻画了"凡人们"矛盾的心理，即使在数百年后的今天也依然如此。我们总是被欲望蒙蔽了双眼，在人生的热闹风光中奔波迁徙，被名利这些身外之物所累。

有一位电影明星，可谓是红极一时。但是，成功与荣誉并没有给她带来自己想要的幸福，她发现自己陷入了情绪的死角，总是闷闷不乐。于是，这位明星决定去寻找自我。

明星去拜访一个著名的心灵大师，她问大师："如何才能洗尽铅华，得到内心的满足？"

大师笑道："空谈无益，你只要跟随我修行三天就什么都知道了。"

考虑再三，明星决定听心灵大师的话，去修行三天。

上山之后，明星的手机必须要没收。然后在这里不准化妆、不可看书、不可看电视，要睡大通铺。晚上十点钟睡觉、早上五点钟起床。对于生活在娱乐圈、日日笙歌的明星来讲，这些要求都太过于苛刻了。但是她没有办法，只能适应。

第一天早起，吃完早饭，明星坐在大堂里听心灵大师讲学。虽然大师说了很多话，但是明星印象最深的只有那句：面对它、接受它、处理它、放下它。这句话在明星的心头萦绕了很久。想想自己从前，总是在追求，为了得到某些东西搞得自己身心俱疲。现在，当初想要的都得到了，可是又能怎样呢？该有的愁绪一点都没有减少，生命中太多东西早已失去。荣耀和富足过后，留下的依旧是空虚和无奈。

明星问自己：自己为什么不能放弃追求那些虚无缥缈的所谓的成功与荣誉，认认真真地对待自己的内心，做自己最想做的事情？她带着这个问题去请教心灵大师。大师依然笑着说，这才第一天，三天后，你如果还不能解答这些问题，我再教你。于是明星就回去了。

三天的修行很快就过去了。三天中，明星素斋布衣，不喜不怒，很少与人说话，更没有与人辩论。这对于她而言，是从未有过的生活。从前的她只认为"万众瞩目"的光彩生活才能带给自己幸福。可是如今，放下一切之后，她才体会到：那些荣耀地位，不过是看起来美好，一个人，更需要的是一种心灵上的宁静。

明星终于找到了自己所需要的东西！

画，远看则美，山，远望则幽。生活中的名利是非大都也是如此，远远看去，似乎值得向往。但是，如果你真正朝着这些东西迈进的时候，也许体会到更多的是无助和空虚，内心少有安宁。所以，我们不妨放下心中的那些欲求，回到自己真正想要的生活上。

千灯万盏，不如心灯一盏。生活就是如此，再多的憧憬、再多的希望，也不能真正给你指明道路。放下那些无所谓的欲求，放开心中的执着，让"心灯"指引自己的生活，你才会获得最纯粹的生活。

活在欲海之中，想开看开不强求

人一生都在欲望海洋中沉浮，想得开才能不沉沦，
看得开才能站起来，不强求则能带我们扬帆出航。

《伊索寓言》中有这样一句话："有些人因为贪婪，想得到更多的东西，却把现在所拥有的也失掉了。"现实中总是听见有人喊累，整日要为房子、票子去奔波，要为名誉、地位去打拼。他们累的不是身体，而是心理，因为他们想要得到的东西实在太多。

人心不足蛇吞象。永不满足的欲望一方面是人们不懈追求的原动力，成就了"人往高处走，水往低处流"的箴言。但是另一方面也诠释了"有

了千田想万田，当了皇帝想成仙"的人性弱点。

如果放纵自己"想要得到"的欲望，那么我们将永远得不到满足，生命也会因此陷入"苦求"的轮回。

如何摆脱无限制欲望所带来的忧愁？这其实很简单，如星云大师告诫世人的：别总想"抓住"，要学会放下，别让自己心累！应该学着想开，看淡，学着不强求。

虎狼虽然贪婪，可只争一餐之食；蝼蚁虽然愚昧，也懂得知足而止。可是我们的心，却总在物欲的驱使下贪求生命需求以外的东西，因而永远不会满足。这才是人性的可悲之处！

有个人得到了一张藏宝图，图上指出在密林深处有足以让所有人心动的宝藏。这个人立刻准备好了一切旅行用具，甚至不忘带上四个大口袋来装那些"即将到手"的宝物。

一切就绪后，他进入那片密林。一路上披荆斩棘、跋山涉水，终于找到了第一份宝藏。在看到那些金子的时候，他被眼前的金光灿烂震撼到了。他急忙掏出袋子，把所有的金币装进了口袋。离开这一宝藏时，他看到了门上的一行字："知足常乐，适可而止。"

"知足常乐"的警示没有让这个人警醒，他想：没有一个人能看着这么多金子无动于衷的？于是，他没留下一枚金币，扛着大袋子来到了第二个宝藏处，这里面储藏的是堆积如山的金条。这个人依旧把所有的金条放进了袋子，当他拿起最后一根金条时，上面刻着："贪心让人步入深渊。"但是一心想发财的他，完全忽视了这个警告，迫不及待地走向了第三个藏宝的地方。

第三个藏宝的地方有一块磐石般大小的钻石。他发红的眼睛中泛着亮光，贪婪的双手抬起了这块钻石，放入了袋子中。他发现，这块钻石下面有一扇小门，心想，下面一定有更多的东西。于是，他毫不迟疑地打开门，跳了下去，谁知，等着他的不是金银财宝，而是一片流沙。他在流沙中不停地挣扎着，可是他越挣扎陷得越深，最终与金币、金条和钻石一起长埋在流沙之下了。

如果这个人能在看了警示后立刻离开，能在跳下去之前多想一想，那么他或许就能平安地返回，成为一个真正的富翁。但可惜的是，贪婪的欲望蒙蔽了他的心门，最终葬送了他的性命。物质上永不知足是一种病态，其病因多是权力、地位、金钱之类引发的。这种病态如果发展下去，就是贪得无厌，其结局很可能自我爆炸、自我毁灭。人生苦短，世间的一切我们能抓住的其实只是很少的一部分，又何苦为了抓住更多而失去更多呢？

现代西方最有影响力的经济学家凯恩斯曾经说："从长期来看，我们都属于死亡，人生是这样短暂，如果我们无度追求物质的话，将脱离生活的轨道，走上歧路。"人之所以会痛苦，不是拥有的太少，而是追求的太多。过度的追求容易让人迷失自我，陷入欲望的深渊。人若没有知足心，就不会获得真正的幸福，一个容易满足、懂得知足的人才更容易得到幸福。有这样一句话是这么说的："幸福就如一座金字塔，是有很多层次的，越往上幸福越少，得到幸福相对就越难。越是在底层越是容易感到幸福；越是从底层跨越的层次多，其幸福感就越强烈。"我们常常会被自己的欲望引导着向金字塔的顶端走去，殊不知，越往上，幸福越少。

人，常常是矛盾的综合体，经常会遇到犹豫和憧憬的困惑，夹在世俗的单行道上，走不远，也回不去。因为人想要得到太多，而能够得到的又太少。如果我们放下一些包袱，或许会过得更快乐些。

闲名破利如风尘，放下皆空

> 人必须经过净化，把虚荣心、过多的欲望等统统放下，
> 这样才可能自由地享受现实生活。

唐代著名道士吴筠有言："虚名久为累，使我辞逸域。"如今随着社会的进步，时代的发展，虚名越来越多，欲望越来越大，每每获得，却搞得自己筋疲力尽。

美国文化精神领袖爱默生曾告诫年轻人，追名逐利、幻想成功无可厚非，但不要忘了最重要的是在这个过程中所累积起来的脚踏实地的精神。

一位自称是诗歌爱好者的乡下青年千里迢迢来拜访年事已高的爱默生，希望得到大师的指点。

爱默生被青年的热情感动，又见他虽出身贫寒，却气度不凡，便热情地招待了他。老少两位诗人立刻热情地攀谈起来，其间青年还把自己的几页诗稿递给爱默生。认真读完诗稿后，爱默生认为这位乡下来的青年是可造之才，便决定凭借自己在文学界的影响而大力提携他。

爱默生试着将那些诗稿推荐给文学刊物发表，同时希望小伙子能坚持创作，继续将自己的作品寄给他。于是，老少两位诗人开始了频繁的书信来往。一时间，爱默生曾把这位青年当成自己的忘年交。

在爱默生的影响下，青年诗人很快就在文坛中小有名气。但此后，这位青年再也没有给爱默生寄来过诗稿，而信却越写越长。信中所谈全都是

他的奇思异想，字里行间更是以著名诗人自居，语气变得越来越傲慢。

爱默生开始感到不安，他发现虚名和浮利正慢慢吞噬年轻人的才华。通信虽然一直在继续，但爱默生的态度已经逐渐变得冷淡，进而转变成了一个倾听者。

后来，在一次文学聚会上，老少两位诗人再次相遇了。爱默生便关心地询问年轻人为何不再寄诗稿了。

"我在写一部长篇史诗。"青年诗人信心满满。

"你的抒情诗写得很出色，我看将来必有所成，为什么要半途而废呢？"爱默生追问。

"一名真正的大诗人就必须写长篇史诗，那些抒情诗有什么意义。"年轻人不可一世。

"难道你认为以前的那些作品都是小打小闹吗？"爱默生感到悲哀。

"是的，我是名大诗人，我必须写大作品。"年轻人仍然执着。

至此，爱默生近乎无奈，最后他只说了一句："我希望能尽早读到你的大作！"于是，这段忘年交告一段落。

在那次文学聚会上，这位被爱默生称赞过的青年诗人大出风头。他逢人便自卖自夸，锋芒毕露。虽然谁也没有拜读过他的大作，但几乎每个人都认为这个年轻人必成大器，因为他得到了大作家爱默生的赏识。

但实际情况却并非如此。那年的冬天，爱默生收到了来自青年的最后一封信，信中他终于承认之前畅想的所谓大作，完全是子虚乌有。信中有这样一段话："很久以来，我一直都渴望成为一名大诗人、大作家，周围所有的人也都认为我是一个有才华、有前途的人，当然我自己也一度是这么认为的。我曾经写过一些诗，并有幸获得了阁下您的赞赏，我深感荣幸。使我深感苦恼的是，自此以后，我再也写不出任何东西了。不知为什么，每当面对稿纸时,我的脑中便一片空白。我认为自己是名大诗人,必须写出大作品。在想象中,我感觉自己和历史上的大诗人是并驾齐驱的,包括尊贵的阁下您。在现实中,我对自己深感鄙弃,因为我浪费了自己的才华,再也写不出作品了。"

从那以后,爱默生再也没有得到过关于这位青年的任何消息。

闲名破利如风尘,一切都只不过是一种无畏的追逐,他们不但不能把我们引向成功的道路,反而会让人堕入歧途。

其实,没有人不喜欢听好话,被人称颂,尤其是风华正茂的年轻人。但浮生一梦,须臾而逝。在名利面前,我们只不过是匆匆过客,随着生命的离去,生前身后名都将随风飘落。就像这位青年诗人一样,他曾一味苦苦追求大诗人的头衔,却又不想脚踏实地地付诸努力,最终只能一事无成。

闲名破利,终究是一个晃人眼的光环,光耀无比却无法触摸,既然没有实质意义,我们又为何沉陷其中,做名誉的奴隶呢?

一对出身书香门第的两兄弟出门办事,经过一条小河时,两人遇到了一位漂亮姑娘。姑娘站在河边左顾右盼就是不敢下水渡河。

哥哥见姑娘一脸焦急,便上前礼貌地问道:"姑娘是想过河吗?"

"是啊,"姑娘点了点头,无奈地回答,"刚刚下过雨,河水太脏了,我怕弄脏我的新衣服……"

"姑娘莫急,"哥哥安慰她说,"我可以背姑娘你渡河!"

姑娘有些犹豫,但她已经等了好久,这才终于遇到一个肯帮助自己的人,如果拒绝的话,也不知道自己该怎么办。姑娘上下打量了一下哥哥,见他彬彬有礼,倒也不像登徒浪子,于是稍微迟疑了一下,也便点头答应了。

哥哥于是背起姑娘就走。弟弟见了感到很惊奇，急忙跟着渡了河，只见哥哥到了对岸后，将姑娘轻轻放下，告别之后便若无其事地继续走自己的路了。

弟弟见哥哥背大姑娘过河还坦然自若，仿佛什么事都没发生一样，感到十分震惊。他们读的可是圣贤书，书上都说了男女授受不亲，如今哥哥怎么能做出这样的事情啊。可自己身为弟弟，又不敢教训哥哥，于是弟弟只得一路上闷声不吭，心中十分不满。哥哥也不理他，只管轻松走自己的路。

快回到家时，弟弟终于忍不住说道："大哥啊，你实在不像话，我们身为读书人，怎么可以和陌生女子搂搂抱抱，这简直枉读圣贤书，太不像话啊！"

看着弟弟正义凛然的样子，哥哥却不以为然，笑着反问道："什么女子，在哪里啊？"

"还问我？过河的时候也不知道是谁背着个漂亮姑娘！"弟弟反驳道。

"哈哈……"哥哥仰面而笑，"原来是那个女子啊！过河之后我不是已经把她放下了吗？怎么弟弟还抱着呢？"

一句话噎得弟弟说不出话来。

事情很快传到父亲耳朵里，哥哥不但没有受到责罚，反而得到了父亲的夸奖。

圣贤制定礼仪，规范人们的行为，其主要目的是为了导正人心。正所谓"身正不怕影子斜"，一个人内心是干净的，没有龌龊的思想，那么他的行为就必然会是刚正不阿的。比起那些表面上遵循礼节，内心却肮脏不堪的人来说要好上千百倍。弟弟不明白守礼的本质，被虚名所累，因此才对哥哥背姑娘过河一事耿耿于怀，但事实上，哥哥却根本没有将这件事放在心上，只本着帮助别人的善念，帮完了，也就放下了。

人生活在这个世界上,难免会被世俗所束缚,被流言蜚语所影响,如果事事都要受制于此,必然不可能活得轻松快乐。虚名如同枷锁,不仅不能给我们带来任何实质上的好处,反而可能让我们的人生举步维艰。而人对虚名的执着往往是由于对虚荣和欲望的追求,人的心灵必须要经过净化,把虚荣心、过多的欲望等统统放下,才能脚踏实地、自由自在地生活。

你可以拥有金钱,但绝不能被金钱拥有

万物皆空,
为什么我们还要把金钱、得失看得那么重?

人人都说,如今的世界金钱横道,于是万般事物皆被冠以"金钱"的头衔,如"金钱社会"、"权钱交易"、"金钱友谊"等。对金钱的角逐,对利益的争夺,使得人与人彼此间心事重重,阴霾不散。为了金钱,成天小肚鸡肠、钩心斗角,甚至昔日的好友也能反目成仇。

然而,在你拥有金钱的同时,你是否发现自己也正在被金钱吞噬呢?你曾经的轻松快乐,是否还在继续?

一个大富翁背着许多财宝,到处收购快乐,寻找友谊。可是他四处云游了近十年,走遍了万水千山,也没能如愿以偿。

一天,他在山路边休息,刚好有一个农夫背着一大捆柴草从山上走下

来。大富翁急忙上前询问："我是个很有钱的富翁，世界上几乎没有我买不到的东西，可是我身边没有一个朋友，并且我一点也不快乐。为了寻找朋友和快乐，我已经走遍了世界各地，可至今仍一无所获，你知道哪里可以找到快乐吗？"

农夫听罢，放下背上的柴草。擦去头上的汗水，笑着说道："快乐还不简单，像我一样，放下背上的东西就是轻松和快乐啊！"

富翁顿悟，原来放下身上的负重就是快乐！于是他接着问："那怎样才能得到友谊呢？"

"你现在放下了负重，是否轻松了许多？"农夫问他。

"是的，的确轻松了很多。"富翁回答。

"那我不就可以成为你的朋友了？"农夫笑着说。

富翁恍然大悟。这些年他背着这些财宝四处旅行，总是担心被人抢走，被人骗取，于是从来不肯放下，也从来不肯轻易相信任何人。在拥有天下财富的同时，他也同样被财富所累，从而失去了快乐和朋友。

金钱其实本身并没有错，错的是我们那颗被金钱俘虏的欲望之心。你可以拥有金钱，但万万不要被金钱所拥有。如果能做到如此，那么即使拥有再多的金钱，你也不会被欲望蒙上双眼，从而迷失自己。

石油大王洛克菲勒出身贫寒，创业初期，他勤劳能干，人人都夸他是个好青年。可当他富甲一方后，开始变得贪婪冷酷，以致宾夕法尼亚州油田地带的居民深受其害，对他恨之入骨。甚至有些居民把他做成木偶，然后私下将木偶处以绞刑，以解心头之恨。

洛克菲勒也饱受无数的诅咒、威胁信件的折磨。他的兄弟因为不堪忍受这种侮辱，更是与他断绝了来往，甚至将儿子的坟墓从洛克菲勒家族的墓园中迁出。洛克菲勒的前半生可以说就是在这种众叛亲离中度过。

直到 53 岁，洛克菲勒被疾病缠身，整个人瘦得像个木乃伊。医生向他发出最后通牒：他必须在金钱、生命中选择一个。这时他才领悟到，自称富可敌国的他并非控制了金钱，而是一直被金钱玩弄于股掌之间。洛克菲勒听从了医生的劝告，他退休回家，学着享受生活，他开始学习打高尔夫，同朋友欣赏歌剧，跟邻居闲聊。从此，他过上了不问世事，与世无争的平淡生活。

后来，洛克菲勒开始考虑将巨额财产捐给穷人。起初，这件事进行得并不顺利，大多数人根本不愿意接受他的施舍，他们认为就连他的金钱都是肮脏不堪、臭气熏天的。可是通过洛克菲勒的不懈努力，人们慢慢相信了他的诚意。

接着，世界各地的大小救灾机构，几乎都曾接受过洛克菲勒的援助。芝加哥大学的诞生，中国的协和医院建立基金会、密歇根湖畔的一家即将面临倒闭的学校，没有洛克菲克的慷慨解囊，这些机构将不复存在。1932年，中国发生严重霍乱，幸亏洛克菲勒基金会的资助，才有足够的疫苗抑制住了灾情。洛克菲勒一生赚取了 10 亿美元，而捐出的就有 7.5 亿美元之多。除此之外，他还创办了不少福利事业，帮助有色人种。自此之后，洛克菲勒赢得了人们的尊重，同时，他也收获了从未有过的满足与幸福。

洛克菲勒的前半生为金钱迷失了方向，后半生散尽千金才重返人生正途。他用尽半生的时间，花费毕生所累财富才找回了曾经丢失的世界，在那个世界里，有平和、快乐、健康，以及人们的爱戴和尊重。当他做完这些之后，相信享年 98 岁的洛克菲勒已经死而无憾了。

对于那些拜金主义者来说，也许金钱就是一切，能够支配金钱，应该就是他们毕生之所求。但金钱并不是万能的，金钱买不来快乐，换不来友谊。金钱也不会被任何人左右，相反它却可能吞噬一个人的内心。

万物皆空，为什么我们还要把金钱、得失看得那么重？浮生一世，短短几十载，我们珍惜分分秒秒用来享受生活都还来不及，又何必花去毕生的精力去追寻那些身外之物。不如尽早放下那颗金钱心，才不会被金钱所惑，才能够捕捉到真正的自己，享受真正的生活。

一念生迷作茧自缚，一念放下即是解脱

一念放下，万般自在。

天使之所以能够自由飞行，是因为她有轻盈的翅膀；假若她的翅膀系上了黄金，那就等于作茧自缚，再也不能自由远翔了。日本作家德川家康说过："人生不过是一场带着行李的旅行，我们只能不断向前走。在行走的过程中，要想使旅途轻松而快乐，就要懂得抛弃一些沉重的包袱。"

的确，生命的过程就是一条单行道上的旅行。每日，我们背上包袱出门，直到入眠方休，到了第二天早晨，连同昨天的又背起今天的包袱……于是，生命越往前走，包袱则与日俱增，直到把自己压垮。

要想让自己的人生更顺畅，就要学着放下那些不适合自己的负重。如果只能拿得起却放不下，就等于作茧自缚，那么你将永远得不到解脱。

从前有个年轻人，背着十分沉重的包袱四处寻找解脱痛苦的方法。他听说远方有座智慧之城，城里有世上最聪明的智慧老人，于是他不远万里去寻找智慧老人。

经过长途跋涉，疲惫不堪的年轻人终于见到了智慧老人，他悲伤地对智慧老人说："听说您是这个世界上最聪明的人，那么请您帮帮我吧！我是那么疲惫和痛苦，我到底该如何才能解脱出来？"

智慧老人说："你把包袱放下来，慢慢说。"

年轻人说："那怎么能行呢？它对我可重要了，里面有我跌倒时的痛苦，受伤时的眼泪，孤寂时的烦恼……多亏了它们，我才能一直坚持走到您这儿来。"

智慧老人听年轻人说完后带他到了河边，指着一棵倒下的大树说道："你扛着它，继续赶路去吧！"

年轻人非常诧异："它那么大、那么沉，我怎么能扛得动？"

智慧老人笑了笑："你觉得树很沉，难道你的包袱就不沉吗？你背着沉重的包袱能感到轻松吗？包袱就是痛苦的根源，你背着痛苦又怎么能从痛苦中得到解脱呢？"

听完智慧老人的话，年轻人若有所思，终于放下了肩上的包袱，这一刻，他感受到了前所未有的轻松。

包袱其实就是年轻人的执念，人生会经历许许多多的事情，如果不懂得放下，而是一直被执念所困扰，那么肩膀上的包袱就会越来越沉，生活自然也会感到越来越艰辛。这个时候，其实只要懂得放下，自然也就能够从痛苦中解脱出来了。但可惜的是，很多人却始终不明白这个道理，一直背负心灵的重担，让自己活得困苦不堪。

人生得到的东西并不是越多越好，你每得到一件东西，肩头的重量就会增添一分，如果只想着得到，却不懂得放下，那么总有一天，肩头的负重会超过你所能承受的极限，变成一道枷锁，将你禁锢在痛苦与疲惫之中。

一位作家历尽千辛之后终于功成名就，可成功后的他每天忙得焦头烂额，疲惫不堪，完全感觉不到任何生活的快乐。作家的好朋友是一位有名的心理医生，在得知作家的痛苦之后，便邀请他到家中做客，希望能帮他排忧解难。作家对朋友说道："我不明白为何从出名之后就总觉得工作越来越忙，生活越来越累，都快不知自己是谁了呢？"

朋友问道："那么你每天都在忙些什么呢？"

作家如实回答说："除了写作，我几乎每晚都要交际应酬，要进行演讲，要接受各种媒体的采访！唉！我真是太苦太累了！"

朋友突然打开衣柜，对作家说："我这一生最喜欢各式各样的西装，你来试试将这些西装全都穿在身上。"

作家犯了愁，说道："我穿着自己的衣服就够了。现在你让我将这些西装全穿在身上，那岂不是很沉重、很难受！"

朋友说道："这个道理你既然懂得，为什么还会痛苦不堪呢？"

作家问道："你这么说是什么意思？能说明白一些吗？"

朋友笑道："你不是已经知道，穿着自己身上的衣服就够了吗？如果再穿上更多更好的衣服，不但不会让你漂亮，反而会让你感到沉重不堪，十分不舒服。你是一个作家，并非一个交际家，也不是一个演说家，更不是一个政治家。可你在做作家的同时，还充当着交际家、演说家、政治家的角色，这不是自找苦吃、作茧自缚吗？"

作家恍然大悟。

一个职务、一个头衔，自然意味着一个人在社会上所取得的成就和地位，这是世俗之人无法摆脱的负重。但凡事过犹不及，不如适可而止，适当放下，放下之后心方能定，定而后能静，静而后得安。这样一来才能应付自如，就不会如作家一样忙而乱了。

人这一生，只追求属于自己的东西就够了，只做自己力所能及的事情就够了，只有这样才能得到快乐、幸福，其人生才会变得更加轻松愉快。

然而生活中，让我们难以割舍和放下的东西太多了，以至于徒增许多的不快和烦恼，甚至觉得生命如此沉重。虽然种种不快源于放不下，但我们却不自知，还在苦苦追寻解脱之法。其实，只要学会放下即可。

人生在世皆执着，因此最难的就是放下。对于那些自己喜爱却得不到的固然放不下，对于那些不喜爱却多余的依然放不下。如此种种，憎爱之念盘踞心头，终日得不到解脱，以致烦恼缠身。

一念生迷作茧自缚，一念放下即是解脱。当你感到疲惫不已，生活不堪重负的时候一念放下，就能收获万般自在。适当放下吧，那些对的、错的、爱的、恨的、愁的、乐的，放下了，万物皆空，皆大欢喜。

人生如棋，要学会弃卒保车

> 人生就好像下棋一样，总需要舍弃一些棋子，
> 为最后的将军铺路。

人生就像一盘棋，是输是赢，就要看面临危机时如何应对、如何选择。当你面前的敌人过于强大时，如果一意孤行，坚持一条道走到底，那么不但丢车弃卒，最后还可能会输掉整盘棋。许多人，正是在这盘棋上不舍得放弃，不愿意另寻他路，才遭到彻底的失败。

其实，人生百味，何必苦守一处风景。棋逢对手，要学会审时度势，勇于放弃，必要时弃卒保车，甚至重新开辟另外一条路，那么才有可能置之死地而后生，或者迎来柳暗花明的新希望。

三个商人远渡重洋，花了十年的时间开采到许多金子，满载而归。三个商人为了保险起见，分别乘坐三条货船越洋归国，但不幸途中遇到狂风暴雨。

其中一个商人宁愿与金子同归于尽，也不肯放弃那条船，最终被大浪吞没；第二个商人见形势不妙，扔掉了一半的金子，但面临最终抉择时，他仍然不肯放弃剩下的那些金子，最终被卷入深海；第三个商人则放弃了整条船的金子，及时乘坐救生艇逃离险境。

风平浪静之后，第三个商人又带领船队，打捞出三条载满金子的货船，最终获得了三份可观的财富。

在前进的道路上,当我们选定了目标后,坚持不懈地朝着目标迈进,这种坚持不懈的精神固然可歌可泣。但生活中的许多事情并不是因为坚持就能实现的,有时候过于执着反倒会害了自己。就像前两个商人,在危难面前,他们仍然执着不肯放弃,最终葬身大海,而第三个商人审时度势,懂得弃卒保车的道理,不但保住了性命,更收获了三倍的财富。

在美国法定休假日中,有一个"总统日",是为纪念开国总统华盛顿而设的。从华盛顿到小布什,美国历史上曾有过43位总统,其中功勋卓著的除华盛顿外,还有林肯、罗斯福、肯尼迪、里根等,但谁的功劳和威望都比不上华盛顿。独立270多年来,美国仍旧流传着很多关于华盛顿的美谈,比如说他在世时"像父亲照管孩子那样领导国家",称赞他是美国"战争中的第一人,和平中的第一人,国人心目中的第一人"。

但事实上,当华盛顿在世时,他的能力和品质都曾遭到过质疑。华盛顿为人现实,在行事上也并非完美无缺,他曾背弃昔日盟友潘恩,还令他饱受牢狱之苦。

在以杰弗逊为首的反对联邦主义者的民众心中,华盛顿甚至是头号恶棍的代表。当时,许多报纸都发表过攻击他的言论,《曙光报》就曾声称:"如果有哪个国家由于一个人的存在而堕落,这就是华盛顿统治下的美国。"

那为何在华盛顿去世之后,他却越来越受到人们的敬仰和爱戴呢?其中的原因就是华盛顿是个懂得适时放弃的人。

华盛顿的崇高历史贡献不仅仅在于他领导北美殖民地军民抗击英军赢得独立,制定联邦宪法,担任国家元首,以及建立共和政体与权力制衡的联邦政府，还在于他高瞻远瞩的政治智慧。

在达到权力顶峰时，他懂得功成身退以保证联邦制的顺利延续。1782年，他曾拒绝部下尼古拉上校黄袍加身的建议，这使得美国摆脱了君主立宪制的命运。第二年，英国承认美国独立之后，他则辞去一切公职，回乡务农。

在几位美国领袖为立宪事宜争吵不休的时候，华盛顿的隐退使得美国陷入慌乱。当时，几乎所有人都不知道美国将会迎来一个怎样的命运。1783年9月的一天，当富兰克林走出制宪会议大厅时，费城市长的夫人拦住了他，问道："新国家将是什么样？"富兰克林回答说："一个共和国，夫人，当然如果您能够维持它。"连富兰克林都对美国的未来难以预测，这足以反映新生美国不明朗的前景。

1787年，已经隐退的华盛顿还是倡导实行联邦制，并在费城主持了制宪会议，制定了现在的美国宪法。1789年，他经过全体选举团无异议的支持而成为美国第一任总统。

1797年，华盛顿在连任两届总统之后，再次自行引退。当时美国宪法尚无任期限制，他完全可以当一个终身总统。但是1796年秋天，还不到65岁的华盛顿，就向人民发表告别词，说自己"年事增高，越来越感到退休的必要"。从此，华盛顿开创了总统任期不超过两届的典范，弥补了美国宪法的严重缺陷，消除了个人独裁的隐患。至此，美国宪法沿用至今，而华盛顿的声誉也达到了高峰。

华盛顿第一次卸甲归田，使美国避免了走上君主立宪制的命运，同时他也保住了自身的声誉，为他的再次出山埋下了伏笔。华盛顿第二次告老还乡，为后世留下了连任两届的惯例，这使得美国宪法一直延续至今，同时他再次赢得了声誉,并永远留在了美国民众和全人类的心中。

徐继畬所著的《瀛寰志略》中有云:"华盛顿,异人也。起事勇于胜广,割据雄于曹刘,既已提三尺剑,开疆万里,乃不僭位号,不传子孙,而创为推举之法,几于天下为公……泰西古今人物,能不以华盛顿为称首哉!"

"持而盈之,不如其已。揣而锐之,不可长保。金玉满堂,莫之能守。富贵而骄,自遗其咎。"一样东西,与其满而溢,不如适可而止。锋芒毕露,必定难以长久。金玉再多,也有用完的时候。人生亦是如此。既然人生并非只有一处辉煌,就没有必要一味地坚持,不如审时度势,当机立断,必要时更要懂得弃卒保车,弃车保帅。这才是有勇有智的取舍和选择。

第八章

**冷漠时转身
关爱让生命变暖**

人生的幸运，蕴藏在慈悲之中。人因友善结友，因有道得助，因博大得智慧。当发觉自己冷漠时，尽快转身，才能得遇人间艳阳天。

善恶存乎一念间

善与恶仅存乎一念之间，

善果与恶果却是天堂与地狱之别。

在面对很多事情的时候，善与恶仅仅只在乎你的一念之间，但在善与恶的影响之下，你所采取的行动却可能让你或他人的命运产生截然不同的改变。一念的善良或许可以拯救一个人的一生，而一念的邪恶也或许将毁灭一个人的一生。天堂与地狱虽有天壤之别，但通向天堂和地狱的道路却仅一墙之隔。选择天堂还是选择地狱，就在乎善恶的一念间，一念之差，就可能是天差地别。

在一次登山中，辛格和朋友威利不小心脱离了团队，迷失在茫茫大雪中。天气越发寒冷，道路也越发难走，凭借着微薄的印象，辛格和威利试图寻找到附近的山中小木屋。

就在寻找小木屋的途中，他们碰到了一个人，那人趴在雪地里，几乎已经冻僵了，没有办法再继续行走。辛格于是想要帮助这个人，带他一块儿去小木屋，但威利却阻止了辛格，威利说："你看看他的样子，他现在已经几乎是不能走了，如果我们救他，一定会被拖累，到时候我们三个人都得死在大雪里！"

虽然辛格也明白，在这个时候救人必然是累赘，但看着眼前这个奄奄一息的人，辛格却始终狠不下心把他丢弃。于是，在短暂的挣扎过后，辛格毅然决然地背起了这个冻僵的人，坚持要救他。

看辛格如此冥顽不灵，威利也不再说什么，拿起装备便独自走远了。辛格只好自己背着这个人，继续在大雪山上艰难而缓慢地行走。他们的身体紧紧相拥，相互取暖，走了一段时间后，辛格背着的人竟然奇迹般渐渐苏醒过来，并对辛格表示了衷心的感谢，两人接着继续在大雪中并肩而行。还没走出多久，辛格就看到，前方雪地里趴着一个人，那个人便是威利，他已经冻死了。

辛格出于一时的善念而救了在雪山上遇到的人，在背着这人行走的过程中，两人相互取暖，得以抵御寒冷；威利则出于私心，抛下了朋友和这个"累赘"，试图赶紧找到小木屋避难，却不想，因为独自一人在雪山中行走而被冻死了。

人生中很多事情其实都是如此，一念之差，便是天壤之别的结局。当你饱含恶意、急功近利地去追求利益时，往往可能错失成功的机会；而当你怀着善意，不求回报地为别人付出时，则往往可能得到意想不到的收获。

人性是复杂的，对善恶对错、是非黑白并不是那么容易把握，因此内心一时善念、一时恶念。其实，在做善恶决定之时，往往就只在这一念间，是善是恶，是好是坏，这个决定却往往影响人的一生。

在一场激烈的战斗中，班长突然看到远处一架敌机向阵地俯冲投弹，就在他准备卧倒的时候，却突然发现，在自己前方大概四五米的位置处，有一个新来的战士傻傻地站着，不知道该怎么反应。

当时，眼看情况已经十分危急，炸弹随时有可能在附近发生爆炸。但班长顾不上多想，心底的善念让他奋不顾身地朝着那名小战士扑了过去，将他压在身下。就在他们刚卧倒的一瞬间，只听一声巨响，炸弹在离他们不远处的地方爆炸了。等班长摇摇晃晃地爬起身时，竟猛然间发现，炸弹爆炸的位置竟然就是刚才自己所站的位置，那里已经被炸出了一个大坑。

如果当时不是心中那一抹善念，如果班长在危险来临之时，没有舍己为人的精神，那么恐怕他已经成为爆炸中的牺牲品了。班长的一时之善救了小战士，同时也戏剧化地拯救了自己。这与其说是命运的眷顾，不如说是来自善良的回报。

无论是善意还是恶意，都是能够传递出去的感情，如果人人都愿意付出善心，那么在人与人之间的传递中，善心将会越来越大，越来越有力量；同样地，如果人人都对别人抱以恶意，那么恶意也会在人与人之间不断传递，而你也终将从他人身上感受到这种恶意。

善与恶不过就是心思一动，但其所造成的后果，却往往天差地别。人世间很多事情都非常玄妙，人与人之间的缘分更是千丝万缕。今天你给别人一个微笑，明天或许就能从其他地方收获一声问候；今天你给别人一点帮助，明天或许就能让一个难题迎刃而解；今天你付出一点善良，明天或许就能收获几分温暖……

以爱为火,为他人点亮一盏心灯

当我们以爱为火光,点亮他人的心灯之际,
世界也将在黑暗中明亮起来。

对于亲近的人,比如亲人、友人、爱人等,很多人心中都自然会怀着一份爱,这是人之常情。那么对于陌生人又如何呢?当我们与陌生之人擦肩而过时,是否会怀着善念报以友好的微笑?当我们看到陌生人需要帮助之际,又是否会怀着善念伸出援助之手?对亲近的人施以善意是自然而然的,而如果能对陌生人也报以善意,才称得上是善良的,大慈大悲的。我们这一生,会与许许多多的陌生人擦肩而过,也会与许许多多的陌生人发生生命的交集,而交集过后或许也就永不相见。如果每个人都能时时刻刻报以善良之心,不吝啬于付出自己的爱,为他人点亮心中那一盏灯,那么当这爱的火光传递出去,总有一天,能够将世界的黑暗驱散,让世界沐浴在爱的温暖与光辉之中。

一天深夜,在山上的一所房子里,一个老翁被一阵窸窸窣窣的声音从睡梦中惊醒。老翁屏住呼吸,仔细听传来的声音,原来自己家里遭遇小偷的光顾了!老翁心下一惊,条件反射地伸手抓住了靠在床边上的火钳子,不动声色地观察着隐约可见的,黑暗中那一抹身影。

观察许久,老翁发现,前来偷盗的这名小偷看上去非常瘦小,估计年岁也不大。老翁突然想到了十几年前自己的儿子死在饥荒中,不免动了恻隐之心，抓着火钳子的手渐渐松开了。

过了一会儿，那小偷在翻箱倒柜之后，似乎并没有找到什么值钱的东西，正准备懊恼地离去，突然听到一个苍老的声音说道："害你白走一趟啦，我家里也没什么值钱的东西。夜里凉，这件衣服你拿去穿吧。"

小偷心里一惊，一回头，这才发现，老翁不知什么时候已经站到自己身后，手里还拿着一件缝着补丁的衣裳，轻轻搭在了自己肩上。小偷一愣，一时之间也不知道该如何反应，只好灰溜溜地披着老翁送上的衣服转头跑了。

第二天一大早，阳光普照，老翁睁开双眼，第一眼望到的竟是他昨夜披在小偷身上的外衣。它被整齐地叠好，放在窗台上，衣服上还放着一朵开得灿烂的鲜花。

老翁和小偷不过萍水相逢，甚至一个是偷窃者，一个是被偷窃者。在发现小偷的时候，老翁的第一反应是自我防卫，但就因一时的善念，老翁放开了手中的武器，反而为小偷送上一件衣裳。老翁的善意之举让小偷在震惊之余，心中也燃起了善良的火光，因此也才会在第二天主动归还衣裳，顺便奉上一株灿烂的花朵。这花朵，代表了小偷的悔改之心，同时也是善良与爱的延续。

利剑能够刺穿人的胸口，衣裳却能温暖人的心灵。爱是最强大的武器，在为他人点亮一盏心灯的同时，也照亮了自己前进的道路。关爱众生就是关爱自我，如果人人都能悟透这个道理，那么人人的心中都将燃起一盏爱的心灯，这个世界将不再有黑暗。

明朝的刘靖是个有钱人家的公子哥，他的父亲在朝为官，颇有声望。美中不足的是刘靖年幼时体弱多病，他本来有五位哥哥也都先后夭折。于是，一家人对刘靖的命运就更加看重了。刘靖的父亲为此还请来了许多算命先生为刘靖看相，结果大家都说刘靖活不过19岁。

到了刘靖15岁那年，从远方来了一位叫周慎的十分有名气的看命先生。刘靖的父亲听说后，不惜花重金请周慎到府上为儿子算命。周慎看了刘靖的相貌和生辰八字后，说："这孩子在19岁那年会遇到一个生命难关。不过这个难关并不是不能克服的，只要努力忏悔业障，广积阴德，就可能扭转厄运。"

刘靖听了这番话，决定革除众恶，广行善事。他每日读圣贤书、礼佛经，更以此规范自己的行为准则，每天还要检点反省自身。刘靖尤其对于戒杀和放生身体力行，丝毫不敢怠慢。这样平安过了四年，刘靖到了19岁。

一天，刘靖乘船要渡江，看到渔翁抓到一只大乌龟，一时产生了慈悲之心，就求渔翁将它卖给了自己，然后又将乌龟放生。谁料乌龟自此以后一直跟在刘靖的船后送他，跟了五六里，还依依不舍。当天夜里，刘靖睡梦之中看到一位身着黑衣、身材矮胖的道人对他说："从公子广行众善，四年来从不曾懈怠，现在已经渡过难关，延寿增禄了。但你的身体向来薄弱，难免要受风寒之苦。现在我授你相术，依照奉行，保你终生平安无病。"说完就交给刘靖调息要领。

第二天，刘靖醒来后，知道是神龟报恩，就依照梦中所学方法练习调息，果然健康状况一日比一日好了。后来，刘靖请周慎道士再来家中，并当面感谢他的教诲。周慎看了刘靖的面向后，大喜，说他行善得福报，日后定能长命百岁。

刘靖后来果然活到九十有八，子孙满堂，竟然都符合了周慎道士的预言。

一切众生均平等，世间所有生命都是一样可贵。刘靖挽救了无数众生的生命之时，也挽救了自己的生命，他在放生大乌龟的性命时，更得到福报，使得自己享长寿之福。

同在一片蓝天下，每个人的力量都很渺小，因此每个人在自己的人生道路上都会遭遇各种挫折坎坷。当我们面对困难，感到力不从心、无能为力的时候，没有谁能够凭借一己之力就扭转乾坤。这时候，就需要大家共同的力量了。

一切为天下，建立大慈悲，修仁安众生，是为最吉祥。这就是说，当别人遭遇困难，甚至生命受到威胁的时候，我们应尽力去帮助他们，为他们的黑暗世界点亮一盏心灯。即便你救不了全世界的人，但至少可以为他们照明引路，从而帮助一些人，为他们减轻痛苦。如果通过你的帮助，能使更多人的生活变得更美好，生命变得更长久，那么你也一定会得到福报。正如用你自己的一盏心灯，去引燃更多盏心灯，那么你的世界也将变得更加明亮。

慈悲之心无大小，罪恶之念无轻重

不要因为好事看似微不足道而不去做，

也不要因为罪孽看似无足轻重而放任自己去做。

善心不分大小，恶念也没有轻重之别。

"勿以善小而不为，勿以恶小而为之"。这句话是三国时期的刘备在白帝城临终托孤时留给儿子的遗言。刘备一世英雄，唯有这句话名垂千古，他留给后人的启示，就是告诫人们行善积德之道。

好事可以有大小，但做好事的心却不能以大小而论。因此，不要因为好事太小，认为做了也微不足道就不去做。其实对我们而言，一个善念，一句好话，一个善意的响应，乃至露出一个微笑，都能拉近彼此之间的距离，带给人们温暖和光明。

有一户人家患鼠害，夫妻二人为此十分烦恼。一天，男人赶集回来，买回一只老鼠夹子，并将它交给了妻子处理。这件事正巧被躲在房梁上的一只老鼠看到了，它立时吓得瑟瑟发抖，决定将这件事传播出去，好让大家小心戒备。

老鼠首先找到一心向佛、心肠又好的大公鸡，大公鸡每天辛勤报时，只要一嗓子它就能将这件事宣扬出去。可谁料大公鸡若无其事地说："我这金嗓子是用来给人报时的，怎么能浪费在这件小事情上呢？再说，这不是你自己的事情吗？你还是自己想办法解决吧！"

老鼠见向公鸡求助不成，便去找老母猪帮忙，老母猪人缘最好，它应该会帮自己解决这件事的。谁料老母猪不耐烦地说："伙计，我现在很忙，还有许多大事情等着我去做，这么一点小事儿，你就不能自己解决吗？"

老鼠最后只得向忠厚老实的黄牛求助了，谁想老牛听了很生气，竟然说："一个小小的老鼠夹子，能伤到我一根毫毛吗？"

老鼠见大家都不想办法解决老鼠夹子的问题，只好躲在洞里，不敢出来走动了。当天晚上，这家的女主人突然听到老鼠夹子响，以为老鼠上钩了，就急忙跑过去看。没想到，被老鼠夹子夹到的不是一只老鼠，而是一只花蛇。花蛇被夹住尾巴，受到惊吓，就咬了前来观看的女主人。女主人就此卧病在床，为了给妻子补身体，男人就把鸡杀了炖汤。

吃了鸡汤后，女主人的病情依然不见好转，亲戚朋友们都来探病。为了招待客人，男人又把老母猪杀了。

最后，女主人还是病死了，男人只好杀了老牛来安葬妻子。

勿以善小而不为。故事中的公鸡、母猪、黄牛，都认为老鼠夹子是一件小事，因此谁也不愿意出手帮助老鼠。可没想到的是，就因为这只老鼠夹子，最后让大家都丢了性命。其实，在生活中，类似这样的事情也屡见不鲜，人们往往因为一件好事过于微不足道而不去做，比如见了地上滚动的饮料瓶，却从来不会将其捡起；公交车上见到老幼病残，却从来不知道让座。

善行虽小，善念无边。一个小小的善行也许就能挽救一个宝贵的生命，成就无边的功德。因此，我们要做好每一件小事，点滴的积累才能充实我们的心灵，完善我们的品格，只要处处行善，就可以积小善成大德。

同样地，罪恶之行可以有轻重之分，但罪恶之心却不能以轻重而论。生活中，不要因为不好的行为看似很微不足道，做了也无关紧要，就去做它。小恶不制，很容易发展成大恶。就如一只小白蚁在船板上咬了一个小洞，这洞看似不起眼，但如果任由它发展的话，整艘船就会因此而沉没。

小恶不除，必为大患，所以绝不能"以恶小而为之"，而要防微杜渐，防患于未然。

著名诗人白居易有一位好朋友叫道林，他很喜欢住在树上，与鸟兽飞禽为邻。

有一次，还在做官的白居易拜访道林，只见他正坐在喜鹊的鸟巢边。白居易惊慌不已，仰着头对道林说："你这样在树上实在太危险了，赶快下来吧！"

但道林却回答说："我的处境一点也不危险，只要我小心，就一定不会掉下去；相反，你的处境才危险。即使你有心避免，恐怕也无力逃脱，真正要小心的是你，不是我啊！"

白居易不解，说："我是当朝重臣，生活又十分太平，会有什么危险呢？"

道林回答："薪火相交，难道还不够危险吗？官场如战场，众人从无一心，你来我往间，危险就在眼前啊！"

白居易听了道林的话，觉得十分有道理，于是又问道："那你觉得我应该怎样去避免危险呢？"

道林想了想，回答道："不要做一件坏事，不要不做一件好事！"

白居易听了十分失望，说道："我以为是什么高深的理论，这样的道理不是连三岁小孩都知道吗？你这样告诫我，不是在敷衍我吗？"

道林意味深长地笑了笑，说道："虽然这个道理三岁小孩都知道，但恐怕八十岁老人都不见得能做到啊！"

勿以恶小而为之，这样的道理虽然连三岁小孩都知道，但世人却偏偏难以做到。日常生活中，人们常常认为小错误无关紧要，因此放任不管。殊不知，日积月累，把"恶小"不当回事的人，最终会自酿苦果，铸成大错。"千里之堤，溃于蚁穴"，讲的就是这个道理。坏事虽小，但它能腐蚀一个人的内心，时间久了，量变引起质变，最终就会陷入犯罪的泥沼不能自拔。

慈悲之心无大小，不要因为善行太小就不去做，从而丢掉了那颗宝贵的慈悲之心。罪恶之念无轻重，不要因为罪恶不深重就不加以克制，从而陷入罪恶的深渊。

善解人意，也是慈悲

当你能站在他人的角度想问题，接纳他人，
理解他人的时候，这种行为对于他人来说，本身就是一种慈悲。

做人应有一颗慈悲之心，所谓慈悲，概括来说，就是要懂得慈爱众生，并能站在众生的角度上，去体会、理解众生的苦处。可见，要做到慈悲，前提就是要懂得理解。人们常说，理解万岁。理解他人，又可以说成善解人意，就是友善地接纳他人，站在对方的角度上来为他人着想，帮他人解除烦恼，释放心灵。对于被理解、被接纳的人而言，理解本身就是一种慈悲的行为。

一个年轻人拜访住在大山里的圣人，并向他讨教关于美德的问题。这时，一个强盗也找到了圣人，他跪在圣人面前忏悔说："圣人，我的罪过实在太大了，很多年来我一直为此寝食难安，我的内心一直被心魔困扰，所以才来找您，请您为我洗净心灵。"

圣人对他说："你找我可能就找错人了，我的罪孽可能比你更深重。"

强盗说："我做过许多坏事，犯过许多罪。"

圣人说："我曾做过的坏事比你还多，犯过的罪比你还大。"

强盗又说："我还杀过很多人，现在一闭上眼睛，就能看见他们的鲜血和临死前挣扎的样子。"

圣人回答说："我也杀过很多人，我甚至不用闭眼睛，就能看到他们血淋淋的模样。"

强盗接着说："我做过的一些事简直灭绝人性。"

圣人回答说："我都不敢想象以前我做过的那些没人性的事。"

强盗听圣人这么说，就用一种鄙夷的眼光看了看圣人说："既然你的罪孽如此深重，为什么还敢接纳别人对你的尊敬，在这里骗人呢？你实在是太罪恶了！"于是，这人起身轻松下山去了。

年轻人看在眼里，却始终一言不发，直到那个强盗走后，他才满脸疑惑地问圣人："我很了解您是一个品德高尚的人，您一生中别说是杀人，恐怕连只蚂蚁都没踩死过。我不明白，您为什么要把自己说成是一个罪孽深重的坏人呢？难道您没有从那个强盗的眼中看到他对您已经失去了信任和尊重了吗？"

圣人说道："他的确已经不信任我了，但他却开始相信自己。你难道没有从他的眼神中看到他已经如释重负了吗？没有什么比这更能让他弃恶从善的了。"

年轻人激动地说道："我终于明白了什么才是美德！"

圣人之所以为圣人，正是因为他的无私与慈悲，为了感化强盗，圣人不惜丑化自己，这颗慈悲之心实在令人敬佩。其实，人心都是向善的，哪怕是十恶不赦的罪人，也隐藏着一颗从善的心。所以，对待这样的人，最好的办法就是理解他、接纳他，以一颗慈悲之心使他们能够有勇气和自信改过自新。

在一个偏僻的小山村里，住着一位小有名气的雕刻师傅，一天，他接到邻近村庄的一个镇子邀请，为镇上的庆典活动雕刻一座"天女散花像"。

要到达那个小镇，必须翻越一个满是森林的山头。但可怕的是，听说这座山头有强盗杀人抢劫，许多赶路人都经过那里遭遇过不幸。因此，亲友和村民们纷纷劝说雕刻师傅第二天一大早再行出山，现在动身的话就有可能夜晚滞留在山中，遇到可怕的强盗。

但雕刻师傅怕耽误了镇上的庆典活动，谢绝了大家的好意，只身出发了。路上，天色渐暗，一会儿工夫，森林里就黑得伸手不见五指。突然，雕刻师傅听到前方不远处传来阵阵女子的哭声。趁着月色，雕刻师傅走近一看，原来是一位赶路的女子被困在了森林里，她的草鞋也磨破了，衣服也被刮坏了，样子十分狼狈。

雕刻师傅见女子如此可怜，就自告奋勇背女子同行，女子欣然同意了。走着走着，师傅觉得背上的女子越来越重，累得他汗流浃背，于是便停下休息。此时，女子问师傅："难道你不怕有强盗吗？为什么不自己赶路，还要为我耽搁时辰？"

"不错，我因为有约在身，的确想快些赶路！"师傅回答，"可我不能把你一个人扔在山里，万一你碰到强盗，遭遇危险怎么办？我背你走，虽然累了点，但我们可以互相照应。"

月亮越升越高，在明亮的月色中，雕刻师傅看到身旁有块大木头，就拿出随身携带的凿刀工具，照着女子的模样在木头上一刀一刀地雕刻起来。

"师傅，你在做什么？"女子好奇地问道。

"实不相瞒，我是受镇子所托，为他们雕刻一尊'天女散花像'的。我觉得你的容貌十分清秀善良，一时兴起，就按照你的容貌来雕刻'天女散花像'了。"

坐在一旁的女子听了，顿时泣不成声地哭起来，原来她就是山林里人人闻风丧胆的"强盗"。

多年前，女子因容貌俊美而被一个恶霸看上，女子抵死不从，结果被恶霸逼得家破人亡，自己则逃入山林，这才躲过一劫。痛苦的遭遇让女子愤世嫉俗，从此便潜藏在山林中，勾引赶路的人，并趁其不备杀死他们，抢夺他们的财物。但今天，这个满怀仇恨的女子却万万没想到，竟会有人说她"容貌清秀善良，像天女"! 这席话让女子顿时回忆起了往昔那个善良的自己，未泯的良心也再次跳动起来。

第二天，雕刻师傅顺利到达了镇上，那名女子也主动到了县衙投案自首。从那天后，山林里再也没有强盗杀人的流言了。

理解拥有强大的力量，在理解面前，哪怕是充满仇怨的强盗，也能化作善良美丽的"天女"。在这个世界上，没有一个人不希望自己被接纳、被理解。人心本是向善的，即便犯下恶行，必然也有自己的苦衷和无奈，一味地责难只会把人逼入绝境，甚至将其最后的一丝善良之心都全部泯灭。但如果我们能够学会接纳，学会理解，站在对方的角度去进行新的诠释，这便能给犯下恶行的人一个改过自新的机会，在其心中播下慈悲与希望的种子。

在日常生活中，我们都应当拿出一点点友善和宽容之心，学会接纳、理解他人，让它像火种一样将整个内心燃烧起来。当然，这种接纳不仅仅是口头上的，更应该体现在行为之上。怀着这种友善之心，帮助他人解除烦恼、了却心事后，相信你也会同样感到欣慰。这就是一种慈悲。

施与的可贵不在钱财，而在一颗慈悲之心

当我们施与时，最可贵的不是钱财的多少，
而是在于这种行为本身所体现出的爱与慈悲。

人生就是一个不断施与和接受的过程。施恩不望报，受恩永不忘，这是做人应当具备的基本品质。然而，在此基础上，我们还要懂得一个道理，即无论你接受的还是施与的，都不是用钱能够结算的，因为那正是一颗满溢着友爱的慈悲之心。

一个少年家境贫困，为了积攒学费，他利用整个暑假挨家挨户地推销商品。一天，他跑了很多地方，但什么东西也没有卖出去。这时，又累又饿的他几乎晕倒在地。他实在支撑不住了，想要买点东西吃，但摸遍了全身，只找到一角钱。这可怎么办呢？最后，少年决定向人家讨口饭吃。

他鼓起勇气敲开一户人家的门，开门的是一位美丽的少女。少年此时面带羞愧，心想怎么好意思向这位少女开口乞讨东西吃呢？沉默了好大一会儿，少年终于小声地请求对方给一口水喝。

聪明的少女看出少年很饥饿，于是就拿来一碗粥给他。少年慢慢地喝完粥，小心地问道："我应该给你多少钱？"

"一分钱也不用付。"少女回答，"妈妈教导我们，施与爱心，是不图

回报的。"

少年说:"那就请你接受我衷心的感谢吧!"然后,少年就离开了。

多年后,那位好心的少女不幸得了一种罕见的病,当地的医生对此都束手无策,最后她被转到大城市,由专家会诊医治。

终于,医生们会诊研究出结果,为少女安排了手术,手术很成功,少女恢复得也非常好。然而当医药费通知单送到这位特殊病人手中时,她打开一半时,竟吓得不敢再往下看——那是一个天文数字。她相信仅这一个单据就能让她倾家荡产。

最后,她还是全部打开了单据。这时,单据最后的一行小字引起了她的注意,上面写着:再多的钱也买不到那碗慈悲的粥,但为了表示感谢,这张单据就充当那碗粥钱。感恩!霍华德·凯利医生。

原来,在参加会诊的医生中,这位霍华德·凯利医生就是当年那个接受过少女一碗粥恩惠的少年。凯利医生一早就认出了躺在病床上的人,因为这么多年来,他从来没有忘记过那满满的一碗粥和那个少女温暖的笑脸。

一碗粥的价值与天文数字般的医药费是无法相提并论的,但附着在他们身上的慈悲之心却是等价的。当年,女孩只是出于一种善良的本能,为凯利医生盛了一碗粥,并没有想要任何回报,但正是这一小小的善举,在日后机缘巧合地拯救了女孩自己。要知道,施与的从来不是钱,而是一颗慈悲之心。

施与的是慈悲之心,只有懂得这个道理的人,才能算作真正的行善者。在美国,凡是遭遇大雪天,公司、商店都停止上班,学校也要宣布停课,但只有一所学校例外。于是,每逢大雪天,就会有家长打电话到学校去骂。然而,奇怪的是,几乎每个打电话的人几乎都先是怒气冲冲地责问,接着则是满口道歉,最后竟笑容满面地挂上电话。

原来，在美国虽然有数不清的百万富翁，但也有许多贫困家庭。贫困家庭的孩子全靠学校里提供暖气保暖，靠免费午餐过活，甚至可以多拿些回家当晚餐。这就意味着，学校要是停一天课，贫穷家庭的孩子就要受一天冻，挨一天饿。所以学校宁肯让老师们辛苦一点，也坚持不停课。

最令人感动的还不止如此。有的家长提建议，为何不让富裕家庭的孩子在家里，让贫困家庭的孩子去学校享受暖气和免费午餐呢？学校的回答却是：我们不愿让穷苦孩子感受到他们是在接受救济，要知道施舍出去的仅仅是爱心，而不应该让他们为此付出失去尊严的代价。

的确，行善者应该时刻将此铭记于心：施与的仅仅是爱心，不应该索取任何回报，包括尊严。无论是在慈善会上，还是在救灾现场，都不乏一些慷慨解囊者。有钱的出钱，有力的出力。面对需要救济的人，慷慨捐资无可厚非，但需要铭记的是，你要施与的是一颗大慈大悲、救人于水火之中的善心，而不仅仅是你手中的金钱。金钱固然是一份爱的体现，但并不是施与的全部内容。

一位老先生无意中得到一盆非常漂亮的菊花，为了让菊花有更大的生长空间，老先生将它栽种到了院子里。没想到，到了第二年的秋天，院子竟成了菊花园。菊花所散发出来的香味传遍整个村子。不久之后，附近的人都知道了老先生的菊花园。

一天，村子里有人开口向老先生要几棵菊花，种在自家的院子里，老先生欣然答应了。他还亲自挑选了几株开得最艳，枝叶最壮的包好送给人家。没想到，从此之后，前来要花的人络绎不绝。凡是来要花的人，老先生无不与花相赠的。没多长时间，院子里的菊花就被送干净了，连一株也没剩下。

没有了菊花，家里也少了香气，家里人都觉得少了些什么，不免有些抱怨。秋末的一天，老先生的小孙子看到满园凄凉，说道："真可惜！这里本该是满园菊香的。"

小孙女也无不惋惜地说："给他们菊花的时候，或者换回点别的花草也好啊！"

老先生却不以为然，他笑着说："哈哈！我们已经得到最好的回报了啊，你们想想，一年后就是一村子菊香喽！"

如果人人都有一颗为世人造福的善心，在施与的同时，人人都不计较回报的话，我们的世界不是将会更美好？常言道："善心即天堂。"怀抱善心的人，即使不求回报，也会像到达天堂一样享受到美好。

对于自己施与别人的恩惠，不要过分看重，更不要图谋回报。但是当接受他人恩惠的时候，我们内心深处一定要满怀感激和报答之情。可见，施恩不图报，正是慈悲之心的最好体现。

舍己度人，善莫大焉

当我们能做到牺牲自己的利益去帮助别人的时候，
便有了一颗慈悲之心。

人的价值不在于拥有多少，而在于能奉献多少。人的一颗慈悲之心，不在于是否能够度人，而在于是否能够做到舍己度人。当一个人面临舍己和舍人的两难境遇时,是否能够当机立断,舍弃自我,从而帮助别人,这才是判定一个人是否具备慈悲之心的真正标准。

第二次世界大战期间,艾森豪威尔出任盟军统帅。他的将士英勇无比,将敌军打得节节后退,形势一片大好。

这天,艾森豪威尔接到总部召回的急令,立刻带着随从,冒着纷飞的大雪,驱车赶往总部。那时,法国刚刚解放,一切百废待兴,交通要道尚未恢复,路上几乎看不见车辆和行人。

正当车队飞速驰骋时,艾森豪威尔看到路边有一对年老夫妇,他们满面愁容,相拥而坐,在寒风中瑟瑟发抖。艾森豪威尔立即命令停车,让翻译官下去了解情况。一位参谋劝阻道:"将军,总部有急令,我们得赶回总部开会,一刻都耽误不得啊!这种小事就交给地方警察处理吧!"

艾森豪威尔不以为然地说:"等警察赶到,他们早就该冻僵了。"说着,便派翻译官下车问明情况。原来这对老夫妇准备去巴黎投奔儿子,可半路遇上车子抛锚,正在发愁呢!翻译官向艾森豪威尔汇报了情况,也建议交给当地警察来处理。

艾森豪威尔知道,这种恶劣的天气,警察需要好几个小时才能赶到,谁也无法保证两位老人在这几个小时里会不会发生什么事。他转念一想,如果让车子开快一点,即使绕道巴黎再回总部,也不会耽误多少时间。于是,他就请老夫妇上车,将他们一路送往了目的地。

故事讲到这里并没有结束。艾森豪威尔的这次善心,让他得到了天大的回报。但这个回报到底是什么,直到大战结束后才得以揭晓。原来,在盟军取得胜利后,曾缴获到一份情报,这才发现了那个天大的秘密:就在艾森豪威尔接到总部急令的那天,几个敌军的狙击手埋伏在艾森豪威尔既定的那条路上,他们算好时间,只要艾森豪威尔出现在路上,就能命中他的脑袋。没想到,艾森豪威尔却因为帮助两位老人,而临时更改了路线。

若不是那天艾森豪威尔宁愿冒着违反军纪的危险而帮助两位老人,就可能不能目睹二战的全面胜利了。其实在很多时候,我们舍弃自己利益而帮助别人时,也许正是以一种看不见的形式帮助自己。正是因为看不见,所以大多数人觉得就好像是在做一件只有付出没有收获的傻事。结果,事后看清楚做好事与得好报之间的内在逻辑后,才追悔莫及。

在生活中,那些抱怨自己做好事没好报的人,是否得到了回报呢?恐怕连他自己也不知道。其实,有没有得到好报不重要,重要的是你在舍己度人的同时,内心一定是快乐和幸福的。至诚至善,莫过于此,又有什么不甘心的呢?

莫要把"毒药"洒进自己的心里

当我们伤害别人的时候,同时也在伤害自己,
喂进别人口中的"毒药",终会流进我们自己心里。

作为一个人,如果总是想损人利己,即便能获得一时之利,但从长远的角度来说,还是得不偿失的。这就像为自己开了一剂慢性毒药,服用的时间越久,痛苦的时间也就会越长。

唐高宗死后，皇后武则天独揽大权，直至登基做了女皇。当时，朝中以长孙无忌为首的大臣对此多持反对意见。为了排除异己，武则天重用酷吏，甚至不惜用严刑酷法来打击那些反对者。

当时，有人密告文昌右丞相周兴企图谋反。于是，武则天派酷吏来俊臣去审理此案。来俊臣与周兴都是出名的酷吏，而且两个人还经常一起研究新型刑法。来俊臣知道周兴整人的法子五花八门，于是先不动声色，并派人请来周兴，假意与他聊天、喝酒。

酒宴上，来俊臣问周兴说："现在有些囚犯不服罪，你说用什么方法才能让他们认罪呢？"

周兴本来就被蒙在鼓里，一听这话更高兴了，于是扬扬得意地呷着美酒，同时自作聪明地向来俊臣介绍一种自己惯用的整人办法。他说："这简单，我有一个办法，包管把犯人治得服服帖帖。"

来俊臣依然不动声色地说："什么办法，请详细说说，说不定我能用得上！"

周兴说："拿一个大坛子，周围堆上火炭烧烤，待坛子烤得滚烫时，令犯人进到大坛子里，看谁还敢不招供他的罪行？"

来俊臣听罢，立即派人搬来一个大坛子，按周兴所说的办法在坛子周围点上炭火。不一会儿，坛子就被烧得滚烫。来俊臣站起身来对周兴说道："皇宫内部传出命令，要我来审问老兄你的罪行，我想还是请老兄进入这个大瓮里再说吧，也好亲自体会体会你自己的杰作啊！"

来俊臣话音刚落，周兴早被吓得魂不附体，连忙跪下使劲磕头认罪。

"举火焚空"，终将自熄，还会烧到自身；"仰天吐痰"，吐出来的痰最后还是会掉到自己的脸上;"逆风扬尘",抓一把泥土撒向他人的人,一样会让逆风把灰尘撒到自己身上。这就是恶本还身,自己做恶的后果最终还是由自己来承担。周兴作为一名酷吏,平时就以研究琢磨残酷刑法取乐,这就是在举火焚空、仰天吐痰,他在自己心中放下毒药,埋下祸根,最终只能自食恶果。

待人待己,都要慈悲一点。只有慈悲才是化解"毒药"的良方,否则携带剧毒的恶念只会越陷越深,最终毒发身亡。

至尚先生是位非常有德行、受到众人敬仰的人,有一次他搭船渡河,当船要离岸时,有位带着佩刀、拿着鞭子的将军,站在岸边大声喊道:"喂,等一下,载我过去!"

全船的人都说:"船已经开了,不可以再回头了。"

那位将军听了,吹胡子瞪眼,开始大骂起来。

看到此情形,至尚先生便对船家说道:"船家,船还没有走远,给他个方便,回头载他过河吧!"

船家见有人出来说情,便回头让那位已经气急败坏的将军上了船。可是这个将军一上船就开始大发脾气,拿起鞭子随手就朝至尚先生打了过去,一边还大声嚷嚷:"上一边去,把座位给我让出来!"

这一鞭子重重地打在了至尚先生头上,血汩汩地流了下来。至尚先生一言不发,把位子让了出来。大家见那位将军如凶神恶煞一般,谁也不敢说话。就这样,船开到了对岸,至尚先生跟着大家下了船,默默地走到江边,把头上的血块洗掉。

顺利渡河后,将军的脾气已经缓和了不少,此时又见到至尚先生这副模样,便心生悔意。于是,将军上前诚心诚意向至尚先生道歉,至尚先生听了却心平气和地说道："不要紧，出门在外，人们心情总是很急躁的。"

将军听后，俯身向至尚先生一拜，然后心有所思地离去。这个将军是起义军的将领，本来他过河后准备让属下杀掉上千名投降的朝廷士兵。但回到军营后，他却改变了主意，下令释放这些士兵。士兵见起义军首领如此仁义，便纷纷要求加入起义军。之后，将军的仁义传遍各地，起义军所到之处，百姓及朝廷军队纷纷归顺加入。

慈悲是抚慰人心的良药，更是救急扶危的圣药。正是这剂良药中和解了将军心中的"毒药"，化解了他一身的戾气。世人往往不知此缘故，遇到不如意，只会往心中装"毒药"，最终害人害己。

慈悲的力量看似纤弱，其实利如刀锋，远胜一般的武器。武器仅仅能够吓人一时，而慈悲的力量却能绵延深远，无穷无尽。武器只能制伏人的行为，而无法改变人的内心；慈悲却能震撼人的心灵，净化人的身心。

我们每个人都应该以慈悲为怀，往内心深处放上一剂慈善的良药，从而将爱心传递下去。如果人人能够心存感激，慈悲为怀，那么这个世界将不会再有人被毒药所伤。

第九章

**浮躁时转身
给喧嚣一个淡定的回眸**

人生的境界，来自淡定的内心。世间喧嚣，心火丛生，看淡皆平常。心有浮躁、厌倦、不自在，转身，悠然以对，超然世外。

境由心造，内心安宁便不存在烦恼

　　内心干净的人，无论身处什么样的环境，都不会感到肮脏；
内心污秽的人，哪怕置于最干净的地方，也难掩灵魂散发的恶臭。

　　炎炎夏日里，蝉鸣蛙叫往往会让人心绪不宁，于是更感到燥热不安。这时，人们总会想起一句话——"心静自然凉"。心里一片宁静，自然就不会受到外界的干扰，也就不会觉得闷热、烦躁了。

　　境由心造。感到身心疲惫，烦恼不堪，是因为你的内心如一团乱麻，受到外界的干扰而纠结不堪。如果将内心腾空，给自己一片安宁，那么你必然能感到如释重负，浑身轻松自在。

　　一天，梁武帝感到内心烦躁不安，便宣了御医前来看诊。御医替梁武帝把脉之后，发现武帝身体并无异样，烦躁不过都是来自于内心。于是，聪明的御医思索片刻之后，对武帝说："恳请陛下恩准臣陪同陛下看一场戏吧，相信这样便能找出陛下的病因！"

　　梁武帝应允了。

　　御医接着说："臣还有一个恳求，让一名宫女手捧一盆清水跪在一边看戏，并警告她如果看戏过程中，使盆内清水有一滴洒出，立即问斩。如果看完戏，盆内清水完好无损，就重重嘉赏，还赐她衣锦还乡。"

　　梁武帝虽然不解其意，但还是照做了。

　　看完戏，梁武帝依然愁眉不展，御医问："请问陛下，今天的戏演得可好?"

梁武帝回答:"不好,不好。看完之后,心情反倒更烦躁了。"

御医没再说什么,回头只见那名宫女手捧水盆,连一滴水也没有洒出。正当武帝要重重嘉赏她时,御医对宫女问道:"姑娘,今天的戏演得可好?"

宫女茫然一片,吞吞吐吐地回答道:"奴婢不知道。"

御医又问:"那今天的戏唱得可好?"

宫女回答:"不知道。"

梁武帝在一边生气了,问道:"你在一边看戏,怎么会有不知道的道理?"

宫女惶恐,急忙回答道:"奴婢一心只关注盆内的水,哪里还有心思看戏、听戏呢?"

武帝一听,终于明白:心不在戏,那么,对戏就会视而不见,听而不闻,当然就不知道戏演得好坏了。我的内心本来就烦躁,听戏只能越听越烦躁,自然就认为戏演得不好。所谓境由心生,自己的内心只有自己能控制得了,我心中的不舒适也只有我自己才能治得好。内心不得安宁,自然干什么都觉得烦躁;内心若是一片安宁,自然就不会感到烦躁。

其实在日常生活中,大多数人都有过这样的感受:当人们专注一件事情的时候,就会听不到周围的声音,看不到周围发生的事情;当人们心猿意马的时候,往往做不好任何一件小事。比如,做饭的时候胡思乱想,就可能切到手指,甚至忘记关煤气;吃饭的时候,如果心里在想别的事情,那么连饭菜什么味道都不知道。这就是内心散乱的结果。

梁武帝内心不得安宁,总是被烦琐的事务困扰,自然干什么都觉得烦恼。戏唱得再动听,也觉得索然无趣,甚至烦躁不堪。而那名捧着水盆的宫女,任凭戏演得再出色,也全不看在眼里,因为她的心思全在那盆性命攸关的清水上。

这就告诉我们，做人要抛弃浮躁，内心淡定一点，安宁一点，排除私心杂念，才能专心致志地做一件事，并享受做事的过程。这样一来，烦恼自然无从生起。

一个年轻人终日被烦恼所困，于是他决定四处奔走，来寻找解脱烦恼的办法。

一天，他来到一座山脚下，遇见一位坐在牛背上吹笛子的少年，他的笛声悠扬欢快，逍遥自在，让人听了十分舒服。

年轻人急忙上前询问："你看起来很快活，能不能告诉我解脱烦恼的方法呢？"

少年哈哈一笑，说："简单，像我一样骑在牛背上，吹一吹笛子，烦恼尽消。"

年轻人果然试了，但不灵。于是，他继续寻找。

一天，他来到一条小河边，看见一位老人在柳荫下垂钓。老人的神情怡然自乐，立刻打动了年轻人，于是他上前问道："请问老伯，您能赐我解脱烦恼的办法吗？"

老翁看了他一眼，慢慢说道："来吧，跟我一起钓鱼，你就什么烦恼都没有了。"

年轻人坐下试着钓鱼，可是越钓心中越烦恼。于是，他起身又继续寻找。

不久之后，年轻人来到一个山洞，山洞里坐着一位白胡子老人，老人红光满面，面带笑容，无不快乐。年轻人上前鞠了一躬，向老人说明了来意，并恳请老人教他解脱烦恼的方法。

老人笑着说："既然你是来找我解脱烦恼的，那请你回答，到底是谁困扰了你呢？"

年轻人思索了半天，回答说："嗯……没有任何人。"

老人继续说道："既然没有人能困扰你，那么又谈何解脱之道呢？"

说完，老人哈哈笑着扬长而去。

年轻人听完老人的话，竟呆呆地愣在了那里，反复琢磨老人的话。最后，他终于明白了，原来根本没有任何人困扰自己，只不过是他这颗不得安宁的心一直在自寻烦恼。

生活中，人们常常被各种各样的烦恼所困扰，而这些烦恼就如同枷锁一般束缚自己的内心。其实，给自己的内心装上这个枷锁的不是别的任何人，也不是任何事，而是你自己。是你的内心不安分，因此才感觉烦恼重重。只要去除杂念，束缚你内心的枷锁自然会解，烦恼也就不攻自破。

这个世界上，除了你自己的内心，没有人能左右你的心情。真正的快乐是内心的快乐，真正的幸福是内心的幸福。给内心一片安宁之所，自然会滋生养育出种种快乐和幸福。

以平常之心态，面对一切平常之事

世间万物都是顺其自然的，以一颗平常心来面对世间平常事，才能不骄不躁，以出世之心，做入世之事。

人生在世，可以活得很复杂，也可以活得很简单，关键是我们用何种心态去看待它。那些从容淡定的人，会用一颗平常心去对待生活中的每一个人、每一件事。这样一来，在他们眼中天下间的人和事都超不出"平常"二字，因此活得也极为潇洒从容。

清朝光绪年间有个名叫曹江的秀才，他本是名门之后，从小生活环境富裕，并且才华横溢，涉足诗词、书画、篆刻、音乐、戏剧、文学等多个领域，是远近闻名的大才子。然而不幸的是，因被奸人所害，曹江一夜之间成了阶下囚，最终被判处发配边疆。

在以后的岁月中，曹江一直远离故土，在蛮荒之地过着简朴的生活，他的被子、衣物等都是补了又补，就连一把洋伞都用了近30年。他居住的房间，除了一桌、一橱、一床外，别无他物，与他曾经挥金如土的日子，简直天壤之别。任何人有曹江的遭遇，恐怕都会自暴自弃，痛苦不堪。但令人意外的是，曹江却并非如此，他不仅没有因为无端的祸患怨天尤人，也没有因为生活的清贫就闷闷不乐。日子清苦，曹江却过得津津有味，他在居住的房前的院中种植了各种各样的花草，并教当地的孩童们认字读书。

曹江一生都未能再回家乡，也未能再涉足官场，但他却在教育事业上取得了辉煌的成绩，门生满天下。

前半生享尽了荣华富贵，后半生却清贫度日，甚至永远未能再踏足家乡的土地。这种变化，在常人看来是痛苦不堪的，但秀才曹江却以一颗平常之心淡定自如地生活，没有抱怨，也没有痛苦，反而在另一个领域成就了自身的价值。

人贵有平常心，人生无常，你永远不能预测下一秒会有怎样的意外降临。不管生活给予我们什么，我们都应该用一颗平常心去面对，不能改变就学会平心静气地接受，唯有如此，我们才能在适应生活的同时，为自己找寻到更好的出路。

平常心不是叫人无所作为，不是教人消极逃避，而是一种淡泊名利、不为世事所惑的品位，是一份淡淡的快乐和宁静。在这份快乐和宁静中，你才能享受生活真谛的情趣，找寻生命最真实的姿态。

日本有两位一流的剑客，一位是宫本武藏，另一位是他的徒弟柳生又寿郎。

当年，柳生又寿郎拜宫本武藏学剑时，一见面就问道："师父，我努力学习的话需要多少年才能成为一名剑客？"

"一生。"武藏淡淡地回答道。

"可是，师父，我不能等那么久。只要您肯教我，我愿意去做任何事。您看，如果我要做您的忠诚仆人，需要多少时间？"

"大概十年。"武藏回答。

"还是太久了。如果我更加努力地学习呢？"又寿郎接着问。

"嗯，我看得三十年。"

"啊？您刚才还说十年，怎么现在又变成三十年了？师父，我不惜任何苦功，要在最短的时间内精通武艺，这需要多少年？"又寿郎疑惑不解。

"嗯，那样的话恐怕得需要七十年。像你这样急功近利的人多半欲速则不达。"

"师父教训的是，"又寿郎说道，"我愿意跟您学习剑术，接受您的任何训练，直到得到您认可为止，不管需要多少年。"

于是，武藏收下又寿郎为弟子。可是一连三年过去了，武藏不但不教他剑术，而且不准他谈论剑术，只是叫他每天做饭、洗碗、铺床、打扫。

又寿郎虽然不明白师父的用意，但他仍然无怨无悔。一天，又寿郎在干活的时候，武藏悄悄跑到他身后，以木剑给了他重重一击。第二天，当又寿郎煮饭的时候，武藏再度袭击了他。从那以后，不管何时何地，又寿郎都有可能受到师父那把木剑的袭击。就这样，又寿郎随时随地预防着突如其来的袭击，到了最后，竟然在睡梦中都能听见师父举起木剑的声音。

就这样，又寿郎总算悟出了剑道的真谛，并得到师父武藏的认可，最终成为日本一流的剑客。

宫本武藏从来没有给又寿郎讲过什么剑术理论，也没有手把手地教过他剑法，只是告诉他要想成为一名剑客，得戒除急功近利之心。在师父的教训下，又寿郎培养出了一颗平常心，在此基础上，武藏又吩咐又寿郎每天只干些洗衣、做饭的粗活儿，还时不时地用木剑袭击他。就是这些很平常的事情让又寿郎悟出了高深的剑道。

中国台湾作家林清玄在一篇文章里有这么一段话："平常心是无心的妙用。心里想着要睡一个好觉的人往往容易失眠，心里计划着要有一个美好人生的人总是饱受折磨……唯有内外都柔软，不预设立场的人，才能一心一境，情景交融，达到一体心的境界。"

做事要有平常心，生活更应当如此。现代的社会是个行色匆匆的社会，因此人们最短缺的不是物质，而是一颗平常心。有了这颗平常心，我们就有了良好的精神家园，也便更容易体会到从容淡定之美。

除却心头之火，练就淡定人生

浮躁是心头之火，只有将心火浇灭，
才能以淡定从容的心态幸福生活。

心火就像一个黑洞，无声无息中吞噬着本来宁静的灵魂。无论在事业还是生活上，我们都需要远离心火，让我们的心回归到本真状态，练就一颗我心之心，才能获得一种自由和纯净，从而真正享受人生。

有位年轻人已经大学毕业三个月了，他走遍了各个招聘会和人才市场，可就是找不到合适的工作，心里不免生起一股无名之火。尤其是看到以前在学校不如自己的同学也都顺利上班了，他心里面别提多难受了。

为了摆脱困境，年轻人不得已先找了一份工资不高的工作，就是在一家物流公司担任采购。但心高气傲的他总认为自己一个堂堂本科生，做这个工作太屈才。于是在工作中，他总是抱怨这抱怨那，结果事情做不好，很快便被单位辞退了。

年轻人这下更加急躁了。后来，有一位同学给他介绍了一家公司，可他却嫌公司太小。就这样，浑浑噩噩了一年，他依然没有找到心满意足的工作。

看着同学们工作都步入了正轨，而且还有几个同学都已经买了车，这让年轻人的心里更加不平衡。上学的时候，他们个个不如自己，现在怎么全都反过来了。年轻人越想越气，决定要好好大干一场，凭借自己的聪明才智，来个一举成名，一夜暴富，让大家好好瞧瞧。

一天晚上，年轻人悄悄潜进一家重工业工厂，盗取了一些散落金属，从中赚取了几千元。有了第一次甜头，他开始频繁作案，直到半个月后被警察逮了个正着。

年轻人最后因盗窃公司财物罪，被法院宣判3年有期徒刑。这下，年轻人的确是出了名，但却失去了自由和尊严，更失去了家人、朋友的信任，在牢狱之中，年轻人流下了悔恨的泪水，连连骂道："都是我这心头之火惹的祸！"

这位年轻人事业上失利，不从自身找原因，却被忌妒、抱怨、浮躁之火迷失了本性。他看到以前不如自己的人都发达了，便按捺不住，但他不想脚踏实地一步步走，却想一夜暴富、一举成名。结果，心头之火烧得他情绪烦躁、心智大乱，以至于做出了违法乱纪的事，最终害得自己坠入深渊。

在这个快节奏的世界中生活，人们难免陷入浮躁。浮躁的表现形式多样，或者不切实际，好高骛远，这山望着那山高；或者不思进取，不求有功，但求无过；又或者眼高手低，满脑子打算，无一处良策，最后急于求成，满足于一知半解。

浮躁是心头之火，会使人失去思想上的冷静，失去心理上的平衡。正因为如此，被心火中烧的人往往不肯脚踏实地，容易失去对自我的定位，最后随波逐流、盲目行动，以致好大喜功、丧失理性，结果不但一事无成，还可能害人害己。

我们必须克服浮躁的心态，去除心火，令自己始终保持在明澈淡然的境界中。这样一来，才能真正沉下心来，扎扎实实地干好手头上的每一件事情。

古时候有个人非常好学,为了学习更多的知识,背诵更多的诗词,他甚至连睡觉时间都很少。可是不知道为什么,不管他怎么努力,却始终都难以有所建树,而他同窗的师兄弟们则一个个都找到了人生的方向,有的成了小有名气的画家、有的成了首屈一指的书法家,还有的考取功名成了官员……有一天,他实在想不明白,就去找老师询问:"先生,我跟随你学习以来,都是非常用功刻苦的,恨不得把吃饭睡觉的时间都拿来用功了,其他师兄弟们也没有一个像我一样刻苦的了,可为什么他们却都比我成功呢?"

先生听了不作声,只给了他一把粗盐粒,说:"你知道水能溶化食盐。现在,你把葫芦里都灌满水,再将盐粒装进去。你若是能让葫芦里的盐粒立刻溶化,你就能明白其中缘由了。"

这人将信将疑,按照老师的吩咐去做了。不一会儿,他手里提着沉甸甸的葫芦跑回了老师那里,急切地对老师说:"先生,盐粒装进去后不能马上溶化,需要用东西搅拌,可葫芦的口又太小,棍子伸不进去。所以葫芦里的盐到现在也没能全化开。看来,我是没办法找到答案了。"

老师接过葫芦,将里面的水倒出了一部分,然后摇了摇,然后再让这人看,里面的盐粒竟都溶化了。老师意味深长地说道:"一天二十四个小时,有用来用功的时间,有用来吃饭的时间,还有用来睡眠休息的时间。你整日只用功,却不懂得为心灵留一点空闲,就如同这灌满水的葫芦一样,搅动不得,晃不开,又怎么能溶解其中的盐粒呢?"

听完老师的话,这人若有所思。老师接着说:"你心头总惦记着用功,已经装不下任何东西了,又怎么能在其他事情上取得成功呢?"

不管做什么事，只有懂得去除心头的浮躁，才可能真正投入正在做的事情，从而取得成功。人世间很多事情，并不是一味执着就能进步的，读死书不活用，读得再多记得再牢也不能让我们真正获益。不如将自己的心灵静下来、空出来，给它一个回旋的余地，又或者给自己一点时间，让自己可以尽情思考，不急不躁，那就是享受人生的法宝。

古人讲"非淡泊无以明志，非宁静无以致远"，就是说无论是对于事业还是生活，想要获得成功，我们都必须远离浮躁，去除心头之火，让人性回到本真状态，只有这样，才能真正成就淡定人生。人生有所为有所不为，但前提都需要达到无心无我，无欲无求的境界。处世淡然一点，生活简单一点，心头空出一点，不管是成功还是幸福，自然都会来到你的面前。

没有谁可以令你愤怒，除了你自己

世界上有一种生意永远是亏本的，

那就是发脾气。

人生在世，谁都不可避免地会遇到不顺心的事。这时，人们往往习惯给自己找理由和借口，从而把愤怒的根源推给他人他物。其实，这世上没有谁可以让你愤怒的，除了你自己。

愤怒、生气源于自己，更伤于自身。愤怒不但不能让眼前的状况发生改变，还会伤害自己。因为生气会让人血压升高、肾上腺激素分泌激增，给身体造成负担的同时，还常常会让人作出一些"后悔"的决定。所以，无论何时何地，无论发生什么事，都不要生气，否则只会得不偿失。

拿破仑虽然一世英雄，却脾气暴躁。有一次，有人向拿破仑告密，说他的外交大臣塔里兰勾结外敌密谋造反。得到这个消息后，拿破仑匆忙从西班牙赶回法国，然后立即召集所有大臣。拿破仑在心底发誓，一定要揭穿塔里兰这个家伙，而且还要当众狠狠地骂他一顿，然后让他回心转意。

可是在会上，拿破仑一看到塔里兰就压抑不住心中的怒火。他不管其他大臣们的劝说和求情，就一直愤怒地盯着塔里兰一个人，恨不得用自己眼中的怒火将塔里兰化为灰烬。相反，塔里兰却表现得镇定自若，对此没有丝毫反应。

终于，拿破仑再也控制不住自己的情绪了，他走近塔里兰狠狠地说："有些人希望我马上死掉！"听了这话，塔里兰已经知道事情败露，但他仍旧面不改色。因为他深知拿破仑的性格，他想故意激起拿破仑的怒气，让他发火，从而让他失去领导者的权威。于是，塔里兰没有做出任何异常举动，只是用疑惑的眼神盯着拿破仑。

这的确激怒了拿破仑，怒火像火山一样喷发了，他冲着塔里兰大喊："你的权力是我给的，你的财富也是我给的，你竟然背叛我，你这个忘恩负义的家伙，没有我你什么都不是，你不过是一坨狗屎。你给我出去，我再也不想见到你！"说完，拿破仑就夺门而去。

塔里兰依然镇定自若，等拿破仑走后，他缓缓站起身，一脸平静地对诸位大臣说："我们伟大的皇帝今天是怎么了？他为什么对我如此暴躁？到底是什么事情让他变得这么没有礼貌。"

这样的场景，让众多大臣都觉得拿破仑的帝王之路开始下滑了。拿破仑的怒气，让他失去了一个领导者应该有的权威和度量，最终影响了人们对他的支持和信赖，从而让塔里兰的阴谋得逞。

很多时候，你明明是受害者，但往往却因为暴躁的脾气而失去别人的同情和支持，反而变成了犯错的人。拿破仑就是如此，遭受背叛的他原本应该得到大家的同情和支持，但可惜的是，因为无法控制自己的脾气，致使众人在不明真相的情况下，误以为拿破仑不过是个毫无度量的家伙，最终失去了对他的支持和信赖。

在生活中，我们也常常会遇到这样的事情，犯了错的人楚楚可怜，于是反而成了被众人同情的"小绵羊"；而被欺负的人却因为怒气冲冲，而被人认为是蛮不讲理的"大灰狼"。可见，在遭遇伤害的时候，生气不仅对我们没有任何好处，反而可能将我们置身于更加不利的情境之中。

生气无外乎拿别人的错误惩罚自己。如果我们一味纠结于别人的错误，贪图一时的痛快向别人发泄怒气，只会伤害彼此的感情，甚至让事情越变越糟糕，而我们内心将更受折磨，备感痛苦。

有一位妇人，脾气非常暴躁，动不动就发火，经常为一些鸡毛蒜皮的小事生气。妇人也十分清楚自己的脾气，但不知为什么就是对那些看不顺眼的事物，就莫名地想发火，想控制都控制不了。朋友告诉她，有一位充满智慧的老人，常常为人指点迷津。于是，妇人就抱着试一试的心态去拜访那位老人。

妇人找到老人后，就向他诉说了自己的苦恼，希望能从老人那里得到指引。等她讲完自己的心事后，老人并没有说一句话，而是把她领到一间房中，然后锁上房门就离开了。

妇人本想从老人那里听到些开导的话,可没想到他一句话也没说就把她关进了黑乎乎的房子里。妇人转念一想,是不是老人在屋子里设置了什么机关,好让她明白什么道理。结果,她失望地发现,屋子里除了一张凳子外什么也没有。

妇女立刻暴跳如雷,心想自己诚心诚意来求道,却被这老头关进了黑屋子。她越想越气,开始对着门外破口大骂,但无论她怎么骂,老人就是不理她。最后,妇人骂得自己都不耐烦了,她实在受不了了,便开始哀求。但老人还是无动于衷,任由她自己说个不停。

过了很久,房间里终于没了声音。老人来到门外,问道:"你还生气吗?"妇人没好气地说道:"我现在只生自己的气,为什么听信别人的话,到你这里来受罪!"

老人听完,说道:"你怎么连自己都不肯原谅,你这么爱动怒,又怎么能原谅别人呢?"说完,老人转身离去了。

过了一会儿,老人又来问她:"你还生气吗?"

妇人说:"我不生气了。"

"为什么不生气了呢?"

"生气有什么用?还不是照样被你关在这里。"

老人说:"唉!你这样更可怕。因为你把气愤都压制在了一起,一旦爆发,会比之前更加强烈。"说完又转身走开了。

过了很久,老人又来问她:"你还生气吗?"

妇人说:"我不生气了,因为你不值得我生气。"

老人听了说:"你生气的根还在,你还是没有从愤怒的旋涡中摆脱出来!"老人说完又转身离开了。

过了很长时间,老人又走过来,还没等老人开口,妇人主动问道:

"老人家，你能告诉我到底什么是气吗？气又是从哪里来的？"

老人没有说话，只是随意将手中的茶水倒在了地上，妇人终于明白了："自己不气，又从哪里来的气呢？心地透明了，了无一物，又有什么气呢？"

气由心生，人们生气是因为心里有执着，不够淡定。不顺自己的心要生气，不合自己的意要生气，别人比自己过得好要生气，别人不如自己也要生气。其实，种种生气并不是别人故意跟你过不去，而是你自己跟自己过不去。

世界上有一种生意永远是亏本的，那就是发脾气。愤怒不过是自己为自己找气受，不管怎样都是划不来的，不如淡定一点，随和一点，做到遇事不气不恼，心平气和，那么愤怒自然就会离你而去。

不要太把自己当回事

茶杯只有低于茶壶，才能被注入香茗。

即使生活在同一片蓝天下，人与人之间也还是有一定差异性的，有的人穷困潦倒，有的人富甲一方；有的人学识渊博，有的人目不识丁；有的人伶牙俐齿，有的人木讷愚钝……虽然千人千面，但大家的人格都是平等的，谁也不会比谁高贵多少。

活在这个世上，永远不要把自己当回事。不管你才高八斗还是腰缠万贯，不管你事业有成还是位高权重，都不要自视甚高，更不能势利看人，以钱财多少、官职大小或学问高低论尊卑。要想活得轻松自在，就要学着淡泊一点。

季羡林先生是我国著名学者，他才高八斗，曾是北京大学副校长，被奉为中国大陆的"国学大师"、"学界泰斗"，是真正的"国宝"级人物。即便有了这么高的地位，季羡林先生也从不会盛气凌人，反而待人更加和和气气、谦虚谨慎。

有一年9月，新的学期开始了，大批学子从天南地北赶到北大。这其中，有一个外地的农村学子，他大包小裹的东西很多。因为这些行李很沉，所以他走在校园中不一会儿就累得气喘吁吁，把行李放在路边休息一下。

为了行动方便，这位新生就想找一个人来帮自己看东西，自己好方便去办理手续。不过看了半天，他发现过来的不是学生就是学生的家长，而且人们都行色匆匆地为报到的事情忙碌，哪里有人有时间帮自己看行李。

正当这位新生不知所措时，路边走来一位老大爷。老大爷走路比较慢，看起来十分悠闲，不像是在赶路的样子。新生一下子看到了希望，于是便叫住了这位老大爷。

"能不能麻烦您帮我照看一下行李，我还需要办理手续，拿着行李实在不方便。"新生向老人家询问道。

"好的，你去忙你的吧！我会一直在这儿替你看守行李。"老大爷不但爽快地答应了新生的请求，还告诉他办理手续的流程。

当天北大的新生很多，此学子办手续花了两个小时。在等待的过程中，学生还一直担心，怕那位老大爷等不耐烦已经走了。可是，他想错了，等他办理完手续后，匆忙赶到放行李的地方，却发现老大爷还在尽职尽责地帮自己看包。

新生非常感动，对老大爷说了很多感谢的话，老大爷谦虚了几句，就笑着走了。

到了第二天开学典礼，这位学子才吃惊地发现，昨天帮自己看包的那个老大爷就坐在主席台上，原来他是北大的副校长——季羡林教授。

从此以后，季羡林先生帮助新生看包的故事就传开了，人们更加尊重这位大学者了。

季羡林先生是学识渊博、才华横溢的大学者，这样一位大人物能够屈身为学子看守行李，实在令人敬仰。正是这种从容淡定的处世作风以及朴素庄重的伟大人格，使他获得了众人的尊敬。

不要太把自己当回事，别人才能真正把你当回事。聪明的人懂得这个道理，他们非常清楚自己的分量到底有多少，同时也会注意收敛锋芒。

汉高祖时期，萧何帮助刘邦打下天下后，又承担丞相一职，为大汉江山的稳定做出了卓越贡献。萧何临死之时，推荐了当年与自己争夺丞相之位的曹参接替自己。

曹参就职后，不但没有因为与萧何有嫌隙而否定萧何在位时制定的各种制度，而且还严格按照以前的制度行事。除此之外，曹参还特意选拔了一批朴实忠厚、拙于言辞的官吏担任丞相属吏，将属吏中贪图声名、喜欢卖弄才能的人辞去。

有了这些尽职尽责、老实忠厚的官吏后，曹参就更加悠闲自在了，更是常在家中大摆筵席，日夜享受美酒。朝中许多大臣见曹参不理政事，便纷纷前来劝说，但还没等他们开口，曹参就已经用美酒堵住了他们的嘴。

平日里，曹参为人宽容大度，不仅能够容纳他人的小过失而且平易近人，以致丞相府中总是歌舞升平、一团和气。

大臣们劝说不管用，皇帝劝说总该管用了吧，但事实却非如此。汉惠帝见曹参不理政务，心想曹参是不是瞧不起他，于是对在朝为官的曹参之子曹窋说："你今天回去后，找机会与你父亲私下闲谈，顺便问你父亲为什么天天饮酒、不理政事，不要说是我让你问的。"

曹窋回去后依照惠帝的交代做了，结果被曹参怒打二百鞭。上朝时，惠帝责问曹参："你为什么要惩处曹窋，是我让他那样说的。"曹参急忙跪下请罪，然后说道："请陛下自省，陛下与高祖相比，谁更加圣明英武？"惠帝答道："朕如何敢与先帝相比！"曹参又问道："那依陛下看来，臣和萧何相比，谁更加贤能？"惠帝答道："您好像不如萧何。"听完惠帝的评论后，曹参从容说道："陛下所言甚是。既然高祖和萧何平定了天下，明确了法令，陛下只管安坐皇位，臣等只管奉公守职不就可以了吗？"惠帝听后豁然开朗，不再追究曹参的责任。

曹参虽然只做了三年的丞相，却受到了百姓们的称赞，"萧规曹随"也被后人传为了美谈。曹参虽然与萧何有嫌隙，但曹参并没有因此而否定萧何的能力。尽管他做了丞相，却从来不敢把自己与萧何相比，正因为他有这种自知之明，才能轻松淡定地达到无为而治。

要想像曹参一样轻松自在地有所为，就要懂得一个道理，就是不张狂、不骄傲，时刻进行自我反省，有自知之明，否则不但不能守住你暂时的成就和辉煌，反而会让你一落千丈，坠入无底深渊。

荣华富贵都是过眼云烟

人生无常，若是看不开，便只能在苦海中挣扎。

生命不该执着于表象，无论富贵还是贫穷，最终都是过眼云烟。

人为财死，鸟为食亡。有人执着于钱财，以财富评论人生价值与生命意义，结果一次经济大风暴，使得钱财流失，生命意义也荡然无存。有人执着于富贵，以身份地位论英雄，但最后终究逃不过一个死亡。生命不再，富贵又何存？

荣华富贵面前，人们总是选择执迷不悟，这也许正是人类的天性。生活在这世上，有钱、有地位总是好的，可是若人心不足，再多的钱也不能满足我们的心，再高的地位也得不到人们的认同和尊重。

在现实生活中，不乏有人为了荣华富贵，不择手段，不顾一切，可这世上没有什么东西可以永恒。再漂亮的花也会凋零；再美艳的容颜也会衰老；再大的企业也会破产，再多的钱财死后也不能带走。想想这些，即便真让你坐拥金山，又有什么可以骄傲和执着的？

贫与富、尊与卑、美与丑、污与净，一切不过是过眼云烟。生命始终会有所失的那一天，最终尘归尘、土归土，当你的身体化为灰烬的同时，功名利禄最终也化作一缕青烟，不复存在。

一个农夫救了地主一命，地主为了报答农夫的救命之恩，便决定赏给农夫一块土地，土地的大小随农夫的意就好。

可是，农夫从来没有念过书，识不得字，不知道该怎么表达土地的面积。于是，地主出了一个主意，他告诉农夫："明天从太阳升起的时候算起，你从这里往外跑，跑一段就插个旗杆，直到太阳落下地平线跑回来。这样，但凡你插上旗杆的土地，就都属于你。"

农夫听了高兴得手舞足蹈，他想：这岂不是我跑得越远，插得旗杆越多，得到的土地就会越多吗？这地主一定是傻了，我身强力壮，跑步可难不倒我。只要我明天多跑一些，就可以得到一块很大的土地，那后半辈子就有享不尽的荣华富贵了。

到了第二天，太阳刚一露出地平线，农夫就急不可耐地迈着大步向前疾跑。他拼命地跑啊跑啊，一分钟也不肯停下，直到太阳偏西了还不肯回来。眼看着太阳就要下山了，他才开始着急，于是加紧了脚步往回赶。

农夫实在太累了，他整整跑了一天，就在离起点还有两步远的距离，农夫终于耗尽体力，瘫倒在了地主的跟前。农夫倒下后再也没能起来，地主望了一眼农夫跑过的地方，到处插满了旗杆，终于他摇了摇头，叫人挖了个坑，把农夫掩埋了。地主看到掩埋农夫的坑只有那么小一块，悲伤地说道："一个人最后能拥有多少土地呢？其实只有这么大！"

农夫一心想得到更多的土地，好像地主一样享受荣华富贵。最后他是得到了很多的土地，但为了得到这些土地，他却把自己的性命都给搭了进去。没有了生命，再多的土地又有什么意义呢？最后还不是只剩下埋葬自己的那点土地。

《伊索寓言》中有一句话："许多人想得到更多的东西，却把现在所拥有的也失去了。"这叫得不偿失。荣华富贵没有止境，于是人们日复一日地为此奔波劳碌。然而生命并不长久，在你心甘情愿奔波劳碌之时，却忘记了享受一下自己短暂的生命，最后得到的是痛苦，失去的是快乐。

从前，有一群结伴而行的商人出海采宝，结果途中商船遭遇风浪沉了船，其他人都在海难中丧生，只有一个名叫米兰的聪明人抓住一块木板，侥幸活命。

米兰抓住木板在大海上漂流了一天一夜，直到被海风吹到一个荒岛上。米兰上了岸，稍作休息，就开始查看周围的环境，希望能发现人类的踪迹。突然，米兰眼前一亮，发现一条蜿蜒的小路。他顺着这条小路一直往前走，远远地看见一座银白色的城堡。城内树木茂密，鲜花朵朵，亭台楼阁数不胜数。

正在他望着城内美景发呆的时候，突然出现四个天仙一样的美女。美女说："您航海辛苦了，就在我们这里住下吧！这座银城有数不尽的珍宝，还有我们四人听您使唤，请您不要再到其他地方去了。"

于是，米兰在四个美女的簇拥下进了城，住进一座白银打造的宫殿，从此享受荣华富贵。就这样，不知过了多长时间，米兰心想："为什么我要一直待在这里，为什么这四位美女不肯放我去其他地方呢？"

米兰越想越不对劲，于是趁着夜色偷偷出了城。他顺着那条小路一直向前走，远远地看到一座金光闪闪的城堡。城里突然出现八名美女，比银城的美女漂亮多了。从此之后，米兰留在了黄金打造的城堡里。不知过了多长时间，米兰又不满足了，他想："为什么她们也不让我去其他地方呢？难道还有比这更华丽的城堡吗？"于是，他又趁着夜色走出了金城。

果然，在不远的前方他又发现一座五彩缤纷的水晶城。城里出来十六名美女，她们拿出各种各样的珠宝，都是米兰平生从未见过的。就这样，米兰在这座水晶城里住下了，十六位美女伺候他的起居饮食，谨慎小心，但就是不愿意让他离开这里。不知道过了多久,米兰又耐不住了,于是他再次出走。

这次,他遇到了一座铁打的城堡,城门紧闭,不见有人出门相迎。米兰心想:"第一次是四个,第二次是八个,第三次是十六个,怎么现在一个都没有呢?难道这地方比以前的更华丽、更富贵?"于是,他绕着城堡走了一圈。

这时,一个龇牙咧嘴的小鬼打开了城堡。米兰跟着进了城,只见城内有一名恶鬼,头上顶着一具铁轮,铁轮正飞速旋转着。那名恶鬼一眼望见米兰,就只手把他抓了起来,放到自己头顶上的飞轮上。

米兰只觉得自己头上阵阵剧痛,感觉脑浆都要被打磨出来了。他哭着说:"我还以为到这里能得到更好的享受,没想到竟是受这种罪。请问我得在这里受多少年的折磨啊?"

那恶鬼说:"你之前享受了多少年的荣华富贵,就要在这里受多久的罪!"米兰掐指一算,自己在温柔富贵乡里足足享受了千年。

其实一切荣华富贵不过就是人世间的一场梦。物欲驱使之下,人们往往沉溺其中难以自拔。结果梦醒之后,烟消云散,最终受苦的还是自己。

有一句话是这样说的,少一分物欲,就多一分静心;少一分占有,就多一分慈悲。贪恋荣华富贵,就是因为欲望太多,只有斩除过多的欲望,少一分占有,将一切欲望减少再减少,才能享受一份独有的平凡与宁静。

甘拜人为师，勿好为人师

谦卑比慈悲更难。慈悲是把众生当子女与徒弟，
从心底生起自然的慈爱与关怀；
谦卑是把众生当父母与老师，从心底生起自然的崇敬与尊重。

一位思想家曾经说过："骄傲自大的人更喜欢见到依附他或谄媚他的人，而不喜欢结交高尚的人。结果这些人把他由一个笨蛋弄成一个狂人，而他自己却一点都不知道。"

成熟的果实总是把头弯向大地，只有那些依然生涩的果实才会傲立枝头。人其实也是一样，那些爱出风头、自以为是的，往往都没有多少真才实学。无论什么时候，永远不要以为自己知道一切，就可以做别人的老师，对人指手画脚了。天外有天，人外有人，不管别人对你的评价有多高，拜人为师总比做人的老师好。

孔子作为一代教育家，也曾说过："三人行，必有我师焉。"古希腊哲学家苏格拉底说："我知道得越多就越发现自己的无知。"尺有所短，寸有所长。每个人都有各自的优点和长处，每个人也都有他的缺点和不足，拜别人为师，可以"择其善者而从之，择其不善而改之"。做别人的老师，就容易陷入盲目自大、自以为是，从而不得长进。

一次，孔子带着他的弟子去参观鲁桓公的祠庙。参观的过程中，孔子注意到一个像是用来装水的器皿很随便地放在地上。

于是孔子就问祠庙的守护人员，那人告诉孔子："这个能用来装水的东西叫欹器，用处和座右铭差不多，是用来警戒自己的器皿。"

孔子听了以后大为惊奇，说道："我以前也听说过这种器皿，只是从来没有真正见识过，没有想到能在这里见到。听说这个容器在没有装水时就会歪倒；水装得不多不少的时候就会是端端正正，稳稳当当的；而里面的水装得过多或装满了，它又会翻倒。"守庙的人点头表示赞同，当时在场的人都赞叹孔子的见识过人。

孔子却不以为然。之后，他让弟子们一个个地倒水进去试验。于是，弟子们一个个舀来了水，慢慢地向这个器皿里灌水。果然跟传说中的一样：当水装得适中的时候，这个器皿就稳稳当当地立在那里，一点都不歪斜。但是水灌满以后，它就翻倒了，容器里面的水就流了出来。等到器皿里的水流尽了，就又自动恢复原样，跟原来一样歪斜在那里。

亲眼看到这个情景，孔子大发感慨，说道："这就像骄傲自满的人容易栽跟头一样，世界上哪里会有太满而不会倾翻的事物呢？处世为人应该谦虚谨慎，否则骄傲就会水满而自翻。"

恃才傲物要不得，和须谦恭好做人。几千年前，孔子就已经悟得这个道理，而现在的人却还是执迷不悟，往往被骄傲自大所蒙蔽，关上了让自己进步的大门。

人类上下五千年，有着浩瀚的文明历史。与此相比，个人一技之所长又算得了什么呢？它就像沙漠里的一粒沙，大海中的一滴水，微不足道。就算再博学多才的人，也无法掌握世间精妙的万分之一，更别提骄傲自满、自以为是的人了。人们只有不断地学习知识，不断地拜师学艺，取人之所长，才能接触到更多人和事物，从而扩大自己的知识面。

遥远的西方有一位聪明的国王,在他即将撒手人寰之际,他把自己的几个儿子叫到了床前,打算从中选择一位来继承自己的王位。国王慢慢说道:"我深爱的儿子们,我即将离你们而去,你们中间谁的智慧比我高,谁就是我的继承人,在我死后统治这个国家。"

听到国王的话,大儿子首先站了出来,说道:"父王,虽然我现在的智慧不如您,但我继承您的衣钵后,一定会超过您的智慧,您一定要将王位传给我,只有我才能统治好这个国家。"

国王回答说:"你现在的智慧不如我,我死了以后就再也见不到你了,又怎么知道将来你一定能超过我呢?不要在这里大言不惭了,还是下去吧!"

这时,二儿子站出来了,倒是谦虚谨慎,他说:"父王,我永远是您的儿子,我知道自己永远也无法超过您的智慧,但我会尽力遵从您的教导,请您将国王之位传于我!"

国王说道:"既然你的智慧永远不如我,你又凭什么来继承王位呢?你也下去吧!"

三儿子也来到了国王床前,他向国王施完礼后,一言不发。然后,他悄悄地拿起国王的皇冠,戴在了自己头上,跪倒在地说:"感谢父王的厚爱与教诲。"

国王不解地问道:"你这是在做什么?"

三儿子回答说:"父王不是让我来继承王位吗?我一定会用一生去努力,好好统治父王亲手所建立的这个国家。"

国王听了欣慰地大笑起来:"狂妄并非智慧,谦虚也非智慧,只有明智才是智慧啊!你可当起大任,父王死而无憾。"

狂妄的人只想要做别人的老师，太过谦虚的人只想要做别人的徒弟。只有那些明智的人才真正懂得做人的道理。笛卡尔是世界著名的数学家，也是一位知识渊博的学者。曾经有人向他提问："你如此博学多识，还感叹自己的无知，是不是谦虚过度了？"

笛卡尔用一个经典的比喻做出了最好的回答，他说："我画了一个圈，圈内是已经知道的东西，圈外是浩瀚无边的未知世界。知道的东西越多，圆圈就会越大，圆周与外界的接触面也就越大。这样一来，未知的东西也就越来越多。"

知道越多东西的人，他们就会知道世界上还有更多的奥秘。而那些无知的人，他们根本就什么也不知道，当然也就不会知道自己到底有多浅薄。这样的人还妄想去做别人的老师，简直就是自不量力、自取其辱。因此，做人一定要淡定，不骄不躁、谦虚谨慎，这样才能正确看待自己，也才能时刻弥补自身的不足，时刻保持进步。

第十章

奢求时转身
当繁华落尽，唯有珍惜

人生的拥有，是因为珍惜。善待自我，善待他人，惜福之人才是有福之人。奢求太多时，及时转身，唯有当下的一分一秒，才是真正的幸福。

感谢生活的每一次馈赠

心存宽容，常怀感恩，这便是收获幸福的秘诀。

生活是由一件件的琐碎之事连缀而成的，这些事有的令人快乐，有的令人悲伤，有的让人幸福，有的让人气愤。然而，正是这样那样的事情组成了你生活中的喜怒哀乐，仔细品尝生活的每一次馈赠，你将体会到它是如此丰富多彩。

品味生活要懂得从小处着眼，不要因为事情渺小而忽略它的美好。

一个爸爸问5岁的女儿："你感到快乐吗？"女儿答："快乐。"

爸爸接着问女儿："你觉得哪些事让你感到快乐呢？试着举个例子。"

女儿想了想，天真地说道："每天吃完饭后，爸爸带我一起上楼顶，数天上的星星。"

爸爸笑了，让女儿再举例。女儿说："妈妈每次都用茶叶水洗枕头，每天晚上睡觉的时候，我都能在梦乡里闻到淡淡的茶香。还有妈妈经常帮我梳头发，每梳一次都会问我疼不疼。"

爸爸听完，高兴地把女儿抱上肩头。女孩咯咯地笑着说："还有，每次骑着爸爸的脖子，是我最快乐的时候。"

5岁女儿口中说的这些令她快乐的事，都是生活中极其平常的小事，是谁也不会用心去在意的事。但其实，正是这些芝麻绿豆般的小事，赐予了我们快乐和幸福。随着年龄的增长，我们的内心世界也跟着丰富起来，可这并不代表我们已经把生活中的点滴遗忘。请细细品味生活的每次馈赠，不要等到只能靠着回忆到遥远的童年去寻找这种感动的时候才知道珍惜。

生活中的点点滴滴都是上天给予的幸福馈赠。比如每天下班之后，都能尝到妻子做好的可口饭菜；比如生病了，亲朋好友都带着礼物来看望你……这就是一种快乐，生活赐予你的快乐，你都要抱着一颗感激的心去细细体味。

当然，生活中不只存在幸福和快乐，还会遇到困难和挫折。这时，就更需要仔细品味和珍惜了。

西欧有一个小国家，有一年闹饥荒，大街小巷到处都是乞讨的孩子。一个心地善良的面包师看到这幅情景，就把城里最穷的几十个孩子聚集到一起，然后拿出一个盛满面包的篮子，对他们说："这个篮子的面包有限，但足够大家一人拿一个。在神明带来好光景前，你们每天都可以来这里拿一个面包。"

孩子们听了，一窝蜂地全都拥了上来，他们围着篮子推来挤去，还大声叫喊着："那个最大的是我的！"当大家争先恐后地抢完面包后，竟没有一个人向这位面包师说声"谢谢"。

但是，面包师注意到有一个叫伊娜的女孩始终站在人群的外面，直到大家都抢到面包离去后，她才上前拿起那块剩下的最小的面包。然后，女孩恭恭敬敬地向面包师走来，礼貌地亲吻面包师的手后说道："谢谢你的面包，愿神明保佑你！"最后，她才转身离开。

第二天，面包师像昨天一样，把盛满面包的盘子放到孩子们面前，其他孩子依旧疯抢着，直到把认为最合自己意的面包抢到手为止，而那个叫伊娜的小女孩则一声不响地站在他们的后面,等到他们抢完之后才去拿剩下的那个小得可怜的面包。

这次不同的是,当她把面包带回家让妈妈切开后,竟然有许多崭新、发亮的银币掉了出来。妈妈惊奇地叫道:"天啊!孩子,赶快把钱还回去,一定是面包师和面时不小心掉进去的。"当伊娜拿着那些钱交到面包师的手里时,面包师慈爱地说道:"不,孩子。是我故意把银币放进小面包里的,这是我奖励给你的。希望你永远都保持一颗像现在一样感恩的心。回家去吧,告诉妈妈这些钱是你的了。"

女孩激动地跑回家,告诉了妈妈这个令人兴奋的消息,这正是她的感恩之心收到的回报。

当我们遇到困难和挫折,有人向我们伸出援助之手时,要学会感恩。感恩是一种对恩惠心存感激的表示,是不忘他人和生活给予馈赠的幸福情感。如果人们的心中能培植一种珍惜、感恩的心,则可以沉淀许多浮躁和不安,消融许多不幸和不满。时时刻刻心怀感激,珍惜生活的人,才会活得更美好。

拥有一颗感恩的心,才会懂得珍惜,才会得到快乐。为所失去的感恩,接纳失去这个事实,你才能始终感到生命充满着亮丽与光彩;感恩还是一种发自内心的态度,拥有这样的态度,你才能发现生活中的一切事情都是值得感恩的。

感恩正在拥有着的现在,感恩已经走远了的过去,感恩不久即将来到的将来;感谢你父母的养育之恩,感谢老师的栽培之恩,感谢朋友们的帮助之恩;感恩自己的努力和社会的恩赐;感恩阳光和大地……生活中的任何事情都是应该珍惜和感激的,只有这样,你的内心才会充实、头脑才会理智，人生才会得到更多的幸福和快乐。

就像一滴水珠可以照见太阳的光辉，一颗感恩的心同样可以折射出更多的幸福。上班迟到了，同事帮你打扫了地板，擦干净了桌子；你摔倒了，有人急忙上前搀扶，拍下你膝盖上的尘土；下雨了，有人将伞伸到你头上面的领空与你共享……品味生活的点点滴滴，珍惜其中的快乐，感谢其中的幸福，因为这些都是生活的一部分，都值得让我们深深地怀恋和感动。

心存宽容，常怀感恩，这便是收获幸福的秘诀。学会感恩，就会善待自己，更好地生活；学会感恩，才会懂得宽容，从而不再抱怨、不再计较；学会感恩生活中的每一次馈赠，才会发现生活中的美好。

珍惜今天，就是珍惜自己

过去事已过去了，未来不必预思量；
只今便道即今句，梅子熟时栀子香。

哲人耶曼孙说过一句话："你若爱千古，当爱现在。昨天任何人也不能挽回，明天还不确定，你能把握的就是今天。今天一日，当明日两天。"今天总会成为昨天，明天也终会成为今天。因此，只有好好把握今天，才能铸就人生的永恒。

漫漫人生路上的时光仅仅只有三天，"昨天、今天、明天"。既然昨天已经过眼云烟，明天又姗姗来迟，那就不如把握正在风驰电掣般飞过的今天。谁也不能挽回过去，谁也不能确定自己是否还能拥有明天。

大千世界，芸芸众生，每一天都是崭新的，每一天的每个人都会发生不同的故事。岁月依旧，人事无常，每一天都会有呱呱坠落的新生命，每一天都会诞生一个撒手人寰的孤苦灵魂。就像太阳从东方升起，从西方落下一样，生命有开始就有终结。我们无从把握，唯一能把握的就是正在发生着的今天。如果你是爱自己的，就不要哀叹过去，更不要痴等未来，只有珍惜今天，才能让自己活得更精彩。

在一座荒废很久的古老城池里，立着一座"双面神"雕塑。一天，有一个哲学家路过这里，见到了这座"双面神"雕塑，就感到很奇怪，于是上前发问："人人都有一张面孔，你为什么有两张呢？"

双面神回答："有了两张面孔，才能一面追忆过去，汲取曾经的经验教训；另一面又可以瞻望未来，憧憬美好的明天啊！"

哲学家感叹地说道："过去的已经过去了，你永远没有办法挽回；未来的还没有发生，你又有什么办法得到呢？只有现在才是你能把握住的。可惜你从来不把现在放在眼里，即使你对过去了如指掌，对未来洞察先知，不在现在有所行动，又能有什么意义呢？"

听了哲学家的话，双面神竟号啕大哭起来，他说："先生啊！听了你的话，我才明白，为什么自己会落得如此的下场。"

哲学家不解，便问道："这是怎么一回事啊？"

双面神说："很久很久以前，我下凡人间，驻守在这座城池。我那时狂妄自大，告诉城中百姓自己能一面察看过去，一面瞻望未来。人们都纷纷相信我，把我当成他们赖以庇护的神灵。一天，我看到未来的一天，这座城池会被人攻陷。可我虽然看到了明天的未来，却没有好好把握今天，结果眼睁睁看着这座城池在那一天毁于一旦。唉！那美丽的辉煌既然已经成为过眼云烟，我又何必追忆，明天即将来临，我又何必窥探。如果我早一点能明白这个道理，好好把握今天，就不会被人们唾弃于废墟中了。"

人生短暂，飞逝即过。有太多的东西不在人们的掌握之中，过去已成为过去，未来还不曾开始，只有当下，现在的每分每秒才是实实在在我们能够掌握在自己手中的。因此，人生在世，唯有认真地活在当下，把握住今天，才是真正地爱自己。

从前有一位农场主，他拥有无垠的田野和一生享之不尽的钱财。最让他欣慰的是，他有一位爱着自己的妻子和讨人喜欢的孩子。他觉得很满足、很幸福。

一天傍晚，农场里来了一位长老。这天夜里，农场主就坐在火边与长老促膝长谈。从长老的嘴里，他知道世界上有一种名叫"钻石"的东西，拇指般大小的一块钻石就可以买下他现有的农庄；用一把钻石，就可以买下一个省；用一矿钻石，就可以拥有一个王国。

从那以后，农场主不再觉得自己是个富足的人，他感觉他的财富也随之消失了。一天早晨醒来之后，他就急迫地找到长老，问他哪里可以找到钻石矿。

"你要钻石干什么？"长老吃惊地问道。

"我要成为富翁，让我的孩子登上国王的宝座。"农场主回答。

"钻石是非常稀有的，你只能自己寻找，直到找到为止。"长老说。

"可我到哪里去找呢？"农场主急切地问道。

"东南西北，世界各地。"

"我怎么能知道自己已找到了呢？"

"当你看到一条河流过崇山峻岭之间的白沙，在白沙中你就会找到钻石。"长老答道。

农场主立刻卖掉农庄,将一家人托付给邻居,然后独自上路寻找宝藏。他翻越高山,跨越河流,游荡了数年却一无所获。最后,他的钱也花光了,不得不忍饥挨饿。这时的他才感到自己的愚蠢和羞愧,最终纵身跳入大海一死了之。

买下他农庄的人却十分知足,他每天放牛牧羊,耕地犁荒,每天打理他的农场,活得逍遥自在。一天,正当他在农场里劳作的时候,注意到小溪的白沙上有一道光芒闪过。于是,随着那道光芒,他捡到一块闪闪发光的石头,他十分喜欢那石头的晶莹剔透,就把它拿进屋内,放在壁炉边的架子上。

很久之后,新的农场主早就把那块石头的事情忘记了。这天,那位长老来拜访新的农场主,他一眼就看到了那块发光的石头。

"钻石,是钻石!"长老拿起钻石激动地喊道。

"这才不是什么钻石,只不过是我随意捡到的一块普通石头。"新农场主说道。

新农场主带着长老来到他的农场,用手指着白沙说:"看!这里还有许多闪闪发光的石头,它们比那块可漂亮多了!"就这样,一座举世闻名的钻石矿被发现了。

旧的农场主,不懂得珍惜现在所拥有的,而对未来抱有不切实际的幻想,最终弄得自己家破人亡。如果他能心满意足地留在家里,或者在自己的农田里挖一挖,而不是跑到异国他乡去圆发财梦,那么他就会成为富翁。其实,谁又能想到苦苦追寻的最珍贵的东西就在自己脚下呢?

生活中有许多的乐趣与机会,但人们常常把它踩在脚下,却不远万里去苦苦寻找。这其实就是生活的意味所在:珍惜今天,享受现在,就是珍惜自己。

生命只在呼吸间，活着就是福气

> 人生无常，今天不知明天会如何，生命不过就在呼与吸之间，只要呼吸还在，生命还在，就是难得的福气。

古今中外，不少人曾对生命做出过描述。现实生活中，人人也都在寻找生命的真谛。然而，生命到底是什么？这恐怕是任何人都解答不了的问题。但有一点是有目共睹的，即生命很重要，没有什么东西是比生命更宝贵的。

一天，圣人问一个弟子："人的生命有多长时间呢？"

这名弟子想了想，毕恭毕敬地回答道："先生！人的生命短短几十载，不会很长。"

圣人连连摇头说："你还没有领悟到生命的真谛。"

圣人转过头又问另一个弟子："那么，你认为人的生命有多长时间呢？"

"弟子以为，人的生命也就一顿饭的工夫。"这名弟子自信满满地回答道。

圣人又摇了摇头说："你也没有明白生命的真谛。"

接着，圣人又以同样的问题问第三个弟子。

那个弟子虔诚地回答道："先生，弟子以为人的生命只在一呼一吸间。"

圣人终于露出了赞许的笑容，说："好得很，你已经明白了生命的真谛。"

生命不是用年、月、日来衡量的，生命其实只在一呼一吸间。一呼一吸，这个简单的动作，不但承载着生命的重量，更表达着生命的脆弱和珍贵。每吸一次，你度过的生命就增加一点；每呼一次，你余下的生命就减少一点。当你无法再继续呼吸的时候，生命就结束了。

生命经不起任何等待，因此每个人都要珍惜每一次呼吸，体会生命的珍贵之处。然而，世间却很少有人真正懂得生命的宝贵。比如，当梦想不能实现时，就会抱怨命运不公；当人生遭遇坎坷时，就会心生烦恼；当遇到不平之事时，就会懊恼气愤……于是，你开始厌倦了。殊不知，这些烦恼和怨恨，正在消磨你生命的质量。直到有一天，发现自己正濒临死亡，才追悔莫及，原来与生命比起来，一切痛苦和烦恼都是如此渺小。

二战期间，罗勃·摩尔是个美国兵，在一艘美国潜艇上担任瞭望员的工作。一天清晨，潜艇在印度洋水下正常潜行。正当摩尔在进行自己的工作时，他通过潜望镜看到一支由一艘驱逐舰、一艘运油船和一艘水雷船组成的日本舰队正向自己的潜艇逼近。

摩尔立即向上级报告，很快，潜艇对准走在最后的日军水雷船准备发起攻击。可这时水雷船却已掉过头来，朝潜艇直冲过来。原来空中的一架日军飞机已经勘测到了潜艇的位置，并通知了水雷船。潜艇只好紧急下潜，以便躲开水雷船的炸弹。

几分钟后，六颗深水炸弹几乎同时在潜艇四周炸开，潜艇不得已被逼到水下83米深处。摩尔知道，只要有一颗炸弹在潜艇五米范围内爆炸，就会把潜艇炸出个大洞来，到时潜艇内部的人员将无一生还。

艇长在这种危急情形下，命令关掉所有的电力和动力系统，全体官兵静静地躺在自己的床铺上，等待命运的抉择。当时，摩尔害怕极了，他觉得自己的呼吸都很困难。摩尔不断地问自己：难道我的死期到了？当时潜艇里的冷气和电扇都关掉了,舱内的温度高达36℃以上,摩尔却浑身发冷,即使披上厚厚的大衣,牙齿还是碰得咯咯直响。

就这样,日军水雷船连续轰炸了十几个小时,摩尔却觉得似乎度过了一个世纪。就在等待命运的十几个小时中,摩尔脑袋中所想的都是过去的一些倒霉事,生命中曾出现过的烦恼、悔恨、气愤、抱怨全都一一重现。摩尔想起来,自己在加入海军前是税务局的小职员,那时,他总为工作又累又乏味而烦恼,他总是抱怨报酬太少,升迁无指望。他看到别人穿着高档的服装,开着豪华的轿车,而自己不但一无所有,回到家中还要遭受妻子的唠叨和争吵……

生命中的一些小烦恼当时对他来说是天大的事,可现在他却是那么怀念。置身在这坟墓般的潜艇中,面临死亡的威胁,摩尔深深感觉到生命的可贵,他对自己发誓:只要还能活着,他将再也不烦恼。

日军舰队扔完所有炸弹终于开走了,摩尔和他的潜艇最终毫发无损地重新浮上水面。不久,战争结束了。摩尔回国参加了工作,从此他更加热爱生命,懂得珍惜幸福的生活。二战中,那次可怕的十几个小时,让他深刻体验到,活着就是最大的幸福。

的确,世界上没有一样东西比生命更为宝贵,生命的真谛就是你还活着。活着一天,就是最大的福气,你就该学会珍惜。每天世上有那么多的人悄然去世,而我们却能好好活着,这就是一种幸运和幸福!我们又有什么理由去烦恼、去抱怨、去生气、去浪费它呢?

当你可以笑着、哭着、吃着、睡着,真真实实地感受到生命的流动时,你应该感到幸福和知足。这时,不如高质量地用我们的生命去好好活着,让它变得更加有意义。摆脱那些名和利,看淡一切恩和怨,用一颗平常、宽容、慈悲的心善待生命、珍惜生命。还要用这宝贵的生命去做自己喜欢的事，过自己喜欢的生活，这些才是人生最大的幸福。

生命不过就在呼与吸之间，呼出了一口气却不能吸进来，那么你就已经不在人世了，如此简单，又是如此珍贵。在这个变幻莫测的世界里，虽然人事无常，但我们依旧可以感受到人世间最深刻的幸福和快乐，因为我们还在呼吸，因为我们还健康地活着。

你所拥有的，才是真正的财富

贫者忧无财，慕富人之为乐，而不知富人有富人之忧也。

低者忧无官，慕贵人之为乐，而不知贵人有贵人之忧也。

人比人，气死人。很多时候，我们之所以觉得生活不幸福，并不是因为我们所拥有的比别人的少，也不是因为我们的处境不尽如人意，而是因为我们的眼睛总是盯在别处，总是羡慕着别人的生活，看不到自己身边的风景。心灵的空间挤满了太多的负累，忽略了自己本身所拥有的财富，于是就生出许多烦恼和痛苦。

羡慕别人比自己挣得多，羡慕他人比自己过得好，于是奋力追求那些本不该属于自己的，甚至超乎自己能力以外的东西。这样一来，心里感到疲惫，痛苦也就随之而来了。其实，不如珍惜你现在所拥有的，因为那才是你能享受到的人生财富。

一对青年男女相识相爱,最终步入了婚姻的殿堂。可是两年后,生活中的琐碎,使他们昔日甜蜜的爱情一去不返。

女人是个中学教师,每天忙忙碌碌,为学生操劳,挣的是普通工资。她亲眼看着以前的同学一个个穿金戴银,开上轿车,买上豪宅,自己却什么都没有。面对日益艰难的生计,女人开始闷闷不乐,张口闭口总是与朋友们攀比。

"晓光的老公不但体贴温柔,还有钱有能力。你看他们结婚不久,就吃好的,穿好的,买车买房子。再看看我们,工资不高、钱太少,只够维持最基本的日常开支。你在公司做了这么久,什么时候才能年薪百万呢?"这些话时常被女人挂在嘴边。

男人是个从容淡定的人,为了能让妻子放下攀比的心,多关注自己所拥有的幸福,便常常会在生活中寻找机会来开导妻子。

一天,夫妻二人去医院看望一个朋友。躺在病床上的朋友向他们诉苦,说自己的病是被累出来的,常常为了挣钱不吃饭、不睡觉。回到家里,男人问妻子:"如果现在给你一笔钱,但同时让你跟他一样躺在医院里,你愿意吗?"

妻子不假思索地回答:"当然不愿意。"

又过了几天,二人去郊外散步,途中经过一幢漂亮别墅。正当妻子目不转睛地盯着这栋豪华别墅时,里面走出来一对白发苍苍的老夫妻。丈夫问妻子:"假如现在就让你住上这样的别墅,但同时要变得跟她一样老,你愿意不愿意?"

妻子生气了:"你说什么呀?用青春来换一栋别墅,我才不干呢!"

丈夫笑了,说道:"是啊,原来你很清楚嘛!我们拥有健康、拥有青春,这些财富已经远远超过了一百万,超过了一栋豪华别墅的价值了。你看,我们是这么富有,应该感到幸福才对。而且,我们还有靠劳动创造财富的双手和大脑，我们可以用它们制造更多的财富，你还有什么不满足的呢？"

妻子听了之后若有所悟，良久没有再说话，从此之后，她懂得了珍惜眼前的财富，人也变得快乐起来。

在物欲高涨的社会中生活，人总是免不了生出对物质的渴望，久而久之，难免会把目光集中在与别人的攀比上，从而忽略了自己眼中风景的美丽。许许多多的人更是沉沦在攀比的烦恼中不能自拔，羡慕着别人的金钱、名利、幸福……殊不知，家家有本难念的经，再光鲜亮丽的外表背后都藏着不为人知的苦痛与烦恼。在我们羡慕别人的同时，别人或许也正在羡慕着我们。

我们每个人都有自己的生活，都有不同的价值观，又何必非要和他人相比呢？别人的房子固然好，财富固然多，但他们也许付出了更多劳动和辛苦。有道是，山外青山楼外楼，比来比去何时休？为何要用双眼盯住别人的财富，却不肯低头看看自己所拥有的呢？

美国作家亨利·曼肯说过："如果你想幸福，其实非常简单，就是与那些不如你的人，比你更穷、房子更小、车子更破的人相比，你的幸福感就会增加。"世上除了比我们更富有的人，还有比我们更贫穷的人，如果真要比较，不如比一比那些不如自己的人，那时你将会发现自己已经拥有了很多人都望尘莫及的幸福。

一个小伙子家境贫寒，父母没有钱给他买名贵的服装和鞋子，为此他一直感到沮丧和不幸。直到有一天，他看到一个拄着拐杖乞讨的人。顺着那人的拐杖往下看，他竟然没有了双脚！小伙子这才意识到自己原来是这么的幸运和健康，同时他更为自己以前的愚蠢想法感到可悲：原来在那么长的时间里，他从来不懂得珍惜拥有的一切，从来没有仔细品味过自己的生活。

永远不要羡慕别人的荣华愚蠢富贵，也许你的财富也正在被别人羡慕着，不如尽自己最大的努力去过好自己的生活。不管贫穷也好富有也好，只有用心感受自己拥有的一切，找到属于自己的位置，体现自己的人生价值，才能真正感受到幸福快乐。

有的人之所以会感到不幸福，就是因为羡慕着别人的，忘记了自己的。贫穷的人总是忧虑自己的贫穷而羡慕富人的享乐，却不知道富人也有富人的烦恼。地位低下的人总是忧虑没有官职而羡慕当官的人享乐，却不知道当官的人也有当官的烦恼。贫穷的、低下的、有钱的、当官的，无不在忧虑他们自己没有的东西，于是都羡慕称王于天下的人。其实他们不知道做帝王的有做帝王的烦恼，更不知道他们的烦恼比普通人还厉害，还不知道做帝王的或许反而正在羡慕群臣百姓的快乐呢！

知足是幸福的起点

懂得知足的人，哪怕两手空空也会对世界微笑；
不懂知足的人，哪怕身处天堂，也难以称心如意。

人们常说"知足常乐"，因为知足是根、常乐是果，知足弥深，常乐的果才会丰硕而甜美。也只有真正做到知足，人生才会多一些从容和达观，从而才会常常喜乐，常常幸福。

人们又说"欲壑难填",一旦陷入欲望的沟壑当中,无休无止的欲望就会使人们变得倍加贪婪。贪婪经常会控制人们的思想和行为,使人在欲望面前不懂得适可而止,在快乐幸福面前不懂得珍惜。于是,为了满足自身的贪婪欲望,人们会不停地索取,不停地追逐。

知足的人得到的是幸福,贪欲的人最终只能被痛苦缠绕。

传说八仙中的吕洞宾有一天从天界下凡,发善心要救度有缘的众生。在半路上,吕洞宾看见有个少年坐在地上痛哭流涕,于是便上前问道:"孩子,你为什么哭泣啊?是不是遇到什么困难了?"

少年叹了一口气说:"我母亲卧病在床,家里没有钱请医生来看病,我本来要出去打工赚钱的,可是母亲不能没人照顾!"

吕洞宾一听,心里高兴极了,难得世间还有这么孝顺的孩子。为了资助这个少年,吕洞宾使用点石成金的法术,把路边的一块石头变成了黄金,并交给了少年。没想到,少年只是摇摇手,根本对此不屑一顾。

吕洞宾心里更加欣慰,这少年竟然是个不贪恋金钱的君子。

"你为什么不要黄金?这块黄金足够让你们母子在几年内衣食无忧啊!"吕洞宾好奇地问道。

"你给我的黄金,总有用完的时候,我想要你的金手指,这样,只要我需要钱,用手一指,遍地都是黄金。"少年贪婪地说。

吕洞宾听后,收回了那块黄金,叹了一口气,飘然离去了。

如果少年不是那么贪心,此刻他已经拥有了一块黄金,解决了生活的困苦。但他的贪婪最终却让原本打算向他伸出援手的人失望退却了,最终他依旧两手空空,只能继续坐在墙角哀叹命运。

一个不懂得知足的人，永远都不可能感到幸福，哪怕你将全世界都放在他的手里，他也总还有更多的欲望，更多的贪婪。这样的人，眼中永远只看得到远方，却对眼前所拥有的幸福视而不见。一个人，想要获得幸福与快乐，首先就要懂得知足。有人认为"知足"是一种不思进取、止步不前的思想方式，是不应该被宣扬的，事实上那是一种对"知足"的误解。知足不等于轻易满足，知足常乐贵在知道什么时候是"足"，什么时候是"不足"，知道什么时候适可而止。

懂得知足的人从不为物质所役，他们懂得满足需要就好的道理。爱因斯坦对多余的钱财从来不在意。他曾用一张大面值的支票作为书签，结果不小心弄丢了那本书。对待这件事，他只是一笑了之。对于许多人而言，一把躺椅、一杯清茶、一本好书，就能让他们感觉幸福；对于另外一些人而言，即使住上别墅、开上跑车、点着钞票，却也觉得快乐。这就是知足与不知足的区别。

托尔斯泰说："欲望越小，人生就越幸福。"这其实就是在讲知足常乐的道理。懂得知足的人才能得到幸福，相反永远无法满足的人，就连现有的幸福也终将会失去。

《伊索寓言》里有这样一个故事：有一个流浪汉，常常盼望自己有一天能拥有两万元，这样就满足了。一天，流浪汉在公园躺椅上正闭目养神，突然一只狗用舌头一个劲地舔他的脸。他悄悄观望了一下四周，见并无一人，便把狗藏了起来。

流浪汉万万没有想到这只狗的主人是个百万富翁。这个富人的爱犬丢失后非常着急，便在当地媒体发了寻狗启事：如有拾到爱犬者送还后付酬金两万元。

当流浪汉看到这则启事时,他高兴得手舞足蹈,心想自己的愿望终于要实现了,从此以后就可以花天酒地了。于是,他急忙抱着小狗准备去领酬金,可当他到了那里时,启事上的酬金已涨到了三万元。流浪汉想了想,决定把狗抱回去。果然,第三天、第四天,酬金涨了又涨,直到第七天,酬金竟涨到一个天文数字。流浪汉这才决定把狗抱还给失主,可没想到,那只可爱的狗已经被饿死了。于是,流浪汉依然是流浪汉,继续坐在公园里梦想着两万元。

人就是这样,越是拥有,就越想索求,于是就越堕落。结果就像那流浪汉一样,为了追求更多的幸福,结果把已经到手的幸福打翻了。在如今这样一个物欲横流的时代,人的欲望越来越膨胀,越来越难以满足,因此就越来越少有人懂得知足常乐的道理了。

清朝的胡澹庵写了一首打油诗叫《不知足》:

终日奔波只为饥,方才一饱便思衣。
衣食两般皆具足,又想妖容美貌妻。
娶得美妻生下子,恨无田地少根基。
买得田园多广阔,出入无船少马骑。
槽头拴了骡和马,叹无官职被人欺。
县丞主簿还嫌少,又要朝中挂紫衣。
若要世人心里足,除是南柯一梦西。

不懂得知足的人,总是在满足了一个欲望的同时,又想得到更多,拥有更多的欲望。这永无止境的贪婪,最终会使人迷失方向,甚至彻底毁灭一个人或是一个家庭。繁华尘世，欲望之海，有太多的东西如果不能放弃，有太多的欲望如果不懂制止，最终将把幸福失去。

不如知足一点，珍惜一点，就像那首《知足常乐》歌中所说："想想疾病苦，无病既是福；想想饥寒苦，温饱既是福；想想生活苦，达观既是福；想想乱世苦，平安既是福；想想牢狱苦，安分既是福……"

知足是幸福的起点，一个懂得知足的人，哪怕睡在地板上，也会感觉到幸福安乐；而一个不知足的人，哪怕让他走在地毯上，也总会有颇多怨言。

不知足的人，即使金钱再多也不算富有；知足的人即使在物质上贫穷也终究是富有的。

时时惜福，生活在不抱怨的世界里

人的未来如同太阳西升，是没影子的事，
为什么还要为眼前的事烦恼？烦恼、忧伤、挂虑、痛苦，
如果生活在抱怨的世界里，就太辛苦了！
懂得惜福，才会有福，怀抱善良、慈悲、包容、仁爱，
你的生活就是天堂。

生活中，我们似乎总有很多值得抱怨的地方，比如，抱怨孩子不听话，抱怨父母的不理解，抱怨爱人不够体贴，抱怨领导太苛刻，抱怨自己不够富有，抱怨这个世道不公平，抱怨自己的人生有太多不顺……但这些

抱怨似乎并没有改变我们的生活，反而让我们的心一直被各种各样的坏情绪所包围，以至于看不到那些值得珍惜和重视的。尽管自己拥有再多，也感受不到一丁点的幸福和快乐。

有一位年轻人，因为生前常常热心助人，死后变成了死神，专门打理人间疾苦，掌管人类生死大权。平日里，死神除了超度亡灵外，还时常会帮助凡人，让他们感受到幸福和快乐，从此不再痛苦。

一天，死神看到一个在田中耕作的农夫。死神见农夫自己耕种很辛苦，便来到他身边，问他为什么如此辛苦。汗流浃背的农夫举头看到死神，便对他说："我家的那头水牛刚刚死去了，没有了它，我只能靠自己的力量下田耕种了。"死神这时才想起来，前几天他刚刚收回了一头牛的灵魂，于是死神又就赐给了农夫一头健壮的水牛，农夫得到水牛后极为高兴，幸福快乐地去耕种了。

时间久了，死神发现，并不是所有人都像老农一样懂得惜福，他们常常活在抱怨的世界里，就算将他们所需要的东西送给他们，也始终不能令他们满足。

这天，死神看到一位年轻人，他英俊、潇洒，有才华，并且有一个温柔善良的妻子，两个活泼可爱的儿子。在死神眼里，他的人生没有什么值得痛苦的，但他每天却愁眉不展，十分不快乐。

于是，死神问他："你看起来十分不快乐，我有什么能够帮助你的吗？"

年轻人于是对死神说道："我什么都有，但是只欠一件东西。"

死神问道："你缺少的是什么？"

年轻人忧愁地望着死神说："我缺少的是快乐！你瞧，我两个儿子太调皮了，他们经常不听话，还打架，这让我每天心神不宁；我妻子的长相实在不能让我满意,这也就罢了,关键是我们根本没有什么共同语言,每天除了家长里短,都说不上几句话;邻居们就更加烦人了,他们有事没事就来我家做客,打扰我的生活……我觉得我周围的一切人和物都让我感到不快乐!"

死神听了之后犯了难,他从来没有遇到过这种情况,于是他想了很久之后,对年轻人说道:"我明白了。"接着死神就将年轻人周围所有人的性命都拿走了,只剩下他孤零零一个人生活在人世。

一段时间后,死神探望年轻人,问他是否感到快乐了。不料年轻人竟号啕大哭起来,他说:"我从来没有如此凄凉过,身边没有了儿子的欢闹,再也得不到妻子的体贴,也没有了邻居的关照……我觉得自己活在世界上没有任何意义。请你拿走我的生命吧!"

死神听了,便将年轻人的儿子、妻子和邻居归还给了他。然后说道:"其实幸福就在你身边,只是你那颗抱怨的心蒙蔽了你的双眼。"然后就离去了。

一个月后,死神再去看望年轻人。此时的年轻人脸上挂着幸福的笑容,左手抱着儿子,右手牵着妻子,早已看不到半点忧愁,这时的他终于得到了幸福和快乐。

很多时候,我们之所以会对这个世界产生这样或那样的抱怨,并不是因为这个世界不够美好,而是因为我们的内心被太多的私利所占有,不懂得惜福,更不懂得去感恩。世上没有十全十美的东西,想要拥有家庭,就必须承担责任,想要拥有朋友,就必须学会付出。

如果人人都能敞开心扉,用心去体会周边的世界,你就会很容易地发现,原来每个人都在为自己付出,需要我们来珍惜和感恩的事情实在是太多了。

一位有名的哲学家办了一所学校，并在学校订了一条规矩：每到年底，前来求学的弟子都要对他说两个字，以总结这一整年来在学校里的感受。

这年春天，一个年轻人在当地官员的推荐下来到了这所学校，这个年轻人非常聪明，出身名门，几乎所有人都认为，他将会成为哲学家最优秀的弟子。

第一年的年底，到了总结的日子，哲学家把年轻人叫来了，问他这一年在学校的感受是什么。年轻人想了想，说了两个字："床硬。"哲学家沉默地点点头，没有说什么，就让年轻人离开了。第二年一开春，哲学家就叫人给年轻人换了一席软垫，解决了"床硬"的问题。

到了第二年年底的时候，哲学家又把这个年轻人叫来了，问他这一年在学校，最大的体会是什么。年轻人不假思索地又吐出了两个字："食劣。"哲学家若有所思，但依旧没有说什么。

转眼又到第三年年底，哲学家再次把年轻人叫来了，但这一次，哲学家没有再问年轻人，而是交给了他一个信封让他离开，并告诉他，这里面是一把通往幸福之门的钥匙，比他能在学校学习到的任何东西都更加珍贵。

年轻人感到很奇怪，打开信封之后，只见上面写了两个字："感恩。"

故事中的年轻人是自私的，他只考虑自己要什么，却从来没想过别人给了他什么，这样的人，无论得到多少，都不会感到满足，不会感到幸福。在现实生活中，像年轻人这样喜欢抱怨不懂得惜福的人很多，这样的人，哪怕让他拥有了整个世界，他也总能找到不满意的地方。

不管生活给予了你什么，你都不应该抱怨，抱怨不能让世界变得合乎你的心意，抱怨也不能驱散阴霾让你重获阳光。抱怨是一剂毒药，只会无限放大痛苦，让人生在悲剧中循环重播。幸福的人都是懂得感恩的人，都有一颗感恩的心。好好享受生活，哪怕是苦难，也都是生活带给你的一笔财富。

因为有了阳光和雨露，才有了万物众生；因为有了空气和水源，才有了世间的生命；因为有了父母，才有了我们的诞生；因为有了爱情，才会不再孤独。懂得惜福的人，能够珍惜自己所拥有的一切。因此，只有少一分攀比，多一分知足，才能让心灵时刻淡定从容，从而远离抱怨的世界。

珍惜当下，精彩每一个瞬间

昨天是曾经的今天，明天是未来的今天，不管你想让记忆美好，还是让未来充满希望，都只要记住，把握今天，把握当下，如此才能精彩生命的每一个瞬间。

生命是由一分一秒的时间组成的，时间则是由无数个当下组成的。在我们的生命中，每一个当下都是独一无二的，它既不是过去的延续，也不是未来的承接。要想让你的生命活出精彩，就要珍惜每一个瞬间，把每一个当下都当成永恒。

在我们工作的时候，就要全心全意去工作；在我们玩乐的时候，就要痛痛快快地玩乐；当我们选择去爱的时候，就要轰轰烈烈地去爱。

著名的心理医生威廉·格纳斯说过："我们生命的每一个时光都是唯一的，不复返的，所以我们要活在此刻，不要为过去的忧愁将其浪费，更不要因为缥缈的未来而荒废。"全心全意地去过好每现在的每分每秒，让每一瞬间都成为精彩，那么烦恼和痛苦自然会离你而去。

一位美国老妇人，丈夫在她60岁的时候突然去世。对她来说，这突如其来的打击已经让她痛苦不堪，可接下来发生的事情，更让她难以承受。

首先，他的几个子女为争夺遗产闹得不可开交，而且互相大打出手。接着，丈夫为之奋斗一生的公司由于管理不善宣告破产。为了偿还债务，老妇人不得不卖掉房产以及家中一切值钱的东西。短短几个月的时间，老妇人就从一个儿孙满堂、家产丰厚的贵妇人变成了一无所有、无人照料的寡妇。

一系列的不幸，使老妇人内心面临崩溃，她不知道今后该何去何从，更不知道这条艰难的路能否坚持走下去。因此，她整日郁郁寡欢，时时为自己的将来担心。

她得养活自己，她想找一份工作，但是当这个念头冒出来的时候，她自己都难以置信：谁会雇佣一个60岁的老妇人呢？即便有人愿意，她又能干些什么呢？即便她还能做些简单的活，但是谁又能相信她给她提供工作的机会呢？

就这样，老妇人每天都沉浸在种种担心和顾虑中，担心过后，她更加怀念过去，怀念丈夫在世的风光岁月。接着，由怀念生出悲痛，由悲痛陷入不能自拔的阴影中。久而久之，贫穷、寂寞、忧虑慢慢侵蚀着她的内心，终于化为顽疾，她得了重病。

老妇人被人送进了医院，医生了解到她的情况后，对她说："你的病情太严重了，需要长期住院治疗。"

"可是我没有钱，根本无法承担医药费！"老妇人几乎要哭出来了。

医生在了解她的情况后，对她说道："这样吧，从现在开始，你可以在本院做零工，以赚取你的医疗费用。"

老妇人担忧地说："可是我能够做什么呢？"医生笑着说："你就每

天打扫病人的房间吧，从现在开始！"

从那天起，老妇人就开始手握扫帚，每天不停地忙碌着。慢慢地，在每次打扫的过程中，她的内心逐渐恢复了平静。她心想："现在来看，没有比这更好的活法了，况且我根本别无选择。"于是，她开始不停地忙碌起来，每踏进一间病房，她便目睹一次他人的病痛与灾难。慢慢地，她知道在这些病人中，自己的情况已经算是好的了，至少她还能说能动，还可以打扫挣钱。渐渐地，她再也不担心什么了，对她来说，最要紧的就是享受现在的每一个瞬间，干好自己的工作。

时间一天天过去了，老妇人的疾病和寂寞逐渐被驱除，到后来，她所剩下的担忧就是要花力气来改善自己的困境了。当医院让她"出院"时，老妇人想尽办法说服院方让她留下来，之后她又继续在保洁员的岗位上工作了三年。

在这三年里，老妇人已经把心思从打扫转到了安慰病人身上。由于她经常接触病人，因此对各种病人的心理了如指掌。三年后，她出人意料地被院方聘为心理咨询师。这时的老妇人，疾病、寂寞早已离她而去，贫穷也开始向她挥手告别，她用自己的力量开拓了一个全新的人生局面。

到了老妇人72岁那年，她已经掌控这家医院51%的股份。她在自己办公室的墙上写下这样一句话："昨天的痛，已经承受过了，有必要反复去兑现吗？明天的痛，尚未到来，有必要提前结算吗？只要肯用行动充实'当下'，勇敢向前，那么你就会迎来每一个精彩的瞬间。"

眼前的每一瞬间，都要认真把握；当下的每一件事，都要认真去做；生命中的每一个人都要认真对待。不要因为担忧那些已经发生过的和还没有发生的事情占去你生命宝贵的时光，徒留"为时已晚"的遗憾。逝者不可追，来者犹可待，当下的时光才是生命中最为珍贵的时光——生命就是由这每一个瞬间构成的。

有一个富人和一个穷人在谈论何谓"幸福"。

穷人说："幸福就是现在，就是当下的这一刻。"

富人笑了，轻蔑地看了看穷人破旧的茅草屋和打了数十个补丁的旧衣服，说道："现在的你怎么能叫幸福呢？幸福是豪华的宅邸，万千的仆从，还有数不尽的金银财宝，我所拥有的那些东西才称得上是幸福。"

不久之后，镇子里发生了一场火灾，富人的宅邸被烧得片瓦不留，奴仆们也各奔东西，富人变得一贫如洗，一夜之间沦为乞丐。

一个炎热的午后，已经成为乞丐的富人路过穷人破旧的茅草房，此时的他又渴又累，便向穷人祈求讨口水喝。

穷人端来了一碗清凉的水递到乞丐手中，笑着问道："现在，你觉得究竟什么才是幸福？"

乞丐眼巴巴地看着手中的水，流下了一行清泪，无限感慨地说道："幸福就是此刻我捧在手心里的这碗水。"

人的一生总是寻寻觅觅，找寻着所谓的"幸福"，然而很多人却都不知道，究竟什么才是幸福。有的人腰缠万贯，却未必感到幸福；有的人一贫如洗，却可能开心快乐。有的人子孙满堂，却未必觉得满足；有的人孤身一人，却可能活得自在。幸福并不是某样既定的东西，幸福实际上就是此刻，就是现在。

当你饥饿的时候，幸福就是一碗热气腾腾的饭菜；当你孤独的时候，幸福就是一只友好温暖的手掌；当你疲惫的时候，幸福就是一道遮风避雨的港湾……珍惜今天，便是珍惜幸福。不管昨天多么辉煌，不管未来多么跌宕，只有懂得活在当下，专注于眼前，珍惜生命中的分分秒秒，珍惜每一个"现在"，才能让生命每一个瞬间都充满精彩。

不是幸福太少，而是你不懂把握

欲望会驱走幸福，

其主要原因是欲望永远无法得到满足。

每个人的生活里都不缺少快乐和幸福，它们就蕴藏在平凡的生活中。很多时候，你感觉幸福太少，并不是因为你缺少幸福，而是你不懂得发现，不懂得把握。学会善待自己，常怀一颗感恩的心，去珍惜那些你所拥有的东西，只有这样，你才能真切地感受到，原来我们的生活中，幸福无处不在。

一份工作，一套房子，一对父母，一位妻子，一个孩子，一些朋友，这些都是幸福。可是许多人明明拥有这一切，却依然说自己感受不到幸福，从来没有经历过快乐。其实不是幸福太少，而是你根本不懂得把握。

幸福其实是一种感觉，藏在人们的内心深处，每个人和每个人的幸福标准不一样，商人或许认为幸福就是金钱；战士或许认为幸福就是让祖国更加强大；学生们都说，幸福就是放假不留作业；孤儿则说幸福就是获得母爱。

一个人整天闷闷不乐，他认为自己身边从来没有过幸福，但他非常不甘心，于是开始了寻找幸福的旅程。

人们常说："书中自有黄金屋，书中自有颜如玉。"于是，他先从知识里寻找幸福，结果他得到的只是幻灭；接着他开始旅行，希望能在旅途中找到幸福的踪迹，结果得到的只是疲倦；后来，他开始从财富里寻找，结果收获的只是争斗和忧愁；最后，他开始发愤写作，可得到的只是一天天的劳累。

在尝试了各种各样的方法后，他开始不相信幸福的存在，直到有一天他遇到了一位怀抱婴孩的妇女。那天，他在火车站看见一辆轿车里坐着一位年轻的母亲，怀里还抱着一个熟睡的婴儿。这时，一位中年男子从车上下来，径直走到汽车旁边。他亲吻了一下那位手抱婴孩的妇女，又轻轻地吻了吻妇女手中的婴儿，男人是那么温柔，生怕把他弄醒了。然后，一家人开车离去了。这人看得发了呆，现在他才如梦初醒，明白了什么才是真正的幸福。他打开笔记本，认真地写下：生活中的每一个细小的瞬间都带着某种幸福。幸福无处不在！

这个人就是美国著名的教育家杜朗。从此以后，他将这一信息传达给每一个人。

每个人的生活都不缺少幸福，幸福就这样简单地蕴藏在平凡的生活中，只是因为我们缺少一颗能够感受幸福的心灵。正如叔本华所说："我们对自己已经拥有的东西很难去想它，但对所缺乏的东西却总是念念不忘，这是我们不快乐的根源。"幸福明明就在眼前，可大多数人却视而不见，体而不察。

拥有幸福固然很重要，但如果不懂得爱惜，不懂得把握，最后只能是竹篮打水一场空。毕竟，幸福是一种感觉，唯有将它紧紧抓住，才能真正享受幸福。

中国台湾的残疾画家黄美廉女士，出生时由于医生的疏忽，脑部神经受到严重的伤害，自幼就患上了脑性麻痹症，面部、四肢的肌肉都失去正常作用。她不但不能开口说话，嘴还歪向一边，口水也止不住地向下流。就在这样的身体条件下，黄美廉却快乐地用手当画笔，画出了加州大学艺术博士学位，也画出了自己生命的灿烂。

黄美廉用残疾的身体，成就了一般正常人都很难达到和做到的事情，更何况她始终是那么快乐和幸福。难道她有什么秘诀？黄美廉到处举办自己的画展，她现身说法，将她对于幸福的心得公之于众。

在一次演讲会上，有个学生直言不讳地问她："请问黄博士，您为什么这么快乐呢？您从小身有残疾，您是怎么看待自己，对这样的自己，有没有过其他的想法？"这个问题对一位身患残疾的女士来说，实在尖锐和苛刻，但黄美廉没有露出一点难色，她朝着这位学生笑了笑，转身用粉笔重重在黑板上写下一句话：我怎么看自己？

接着，她回过头来对在场的学生露出一个神秘的笑容，又开始在黑板上龙飞凤舞地写上了答案：

一、上天很疼爱我；二、我很可爱；三、我会画画、会写稿；四、我的腿很美很长；五、爸爸妈妈好爱我……

黄美廉一下子写出了几十条让她感到幸福的理由。最后，她在黑板上重重写下了她的那句名言：我只看我所有的，不看我所没有的……笑容从她的嘴角荡漾开，显得她是那么的淡然和潇洒。

台下沉默了几秒钟，爆发出如雷般的掌声……

黄美廉用简短的几句话，揭示出了幸福的真谛——幸福就在你身边，你感觉不到是因为你不懂得把握而不是缺少。幸福用不着你去刻意寻找，只要你用那颗美丽的心灵来认真感受。但很多时候，人们却往往因为过分的执着和贪婪，使得幸福一次又一次地与自己擦肩而过。

幸福其实很简单，就在你我的身边，只是贪婪的欲望总会蒙蔽我们的双眼，让我们以为幸福是种稀缺资源。当你烦闷时，亲人的一个肩膀、朋友的一句问候就是一种幸福；当你感到无助时，陌生人的一句鼓励就是一种幸福；当你筋疲力尽时，爱人的一个温暖拥抱就是一种幸福；你渴了，有人给你水喝；你饿了，有人给你饭吃；你累了，有人给你铺好暖暖的床；你哭了，有人给你递过一张纸巾……一切的一切都是幸福。

欲望会驱走幸福，其主要原因是欲望永远无法满足。幸福与痛苦是天平的两端，欲望则是沉重的砝码，越希望得到更多，痛苦反而会越多，幸福则会越少。因此，要想得到更多的幸福，就要懂得精简无休止的欲望，在贪婪面前利落转身，将看向远方的目光收回，转而去发现和感受身边的幸福，把握住那些让你感动落泪的幸福瞬间。

图书在版编目(CIP)数据

一个转身,两个世界 / 夏如烟著. —北京:中国华侨出版社,2015.7

ISBN 978-7-5113-5570-6

Ⅰ.①—… Ⅱ.①夏… Ⅲ.①人生哲学-通俗读物 Ⅳ.①B821-49

中国版本图书馆 CIP 数据核字(2015)第167606号

一个转身,两个世界

著　　者 / 夏如烟
责任编辑 / 嘉　嘉
责任校对 / 孙　丽
经　　销 / 新华书店
开　　本 / 710毫米×1000毫米　1/16　印张/17　字数/207千字
印　　刷 / 北京建泰印刷有限公司
版　　次 / 2015年9月第1版　2015年9月第1次印刷
书　　号 / ISBN 978-7-5113-5570-6
定　　价 / 32.00元

中国华侨出版社　北京市朝阳区静安里26号通成达大厦3层　邮编:100028
法律顾问:陈鹰律师事务所
编辑部:(010)64443056　　64443979
发行部:(010)64443051　　传真:(010)64439708
网址:www.oveaschin.com
E-mail:oveaschin@sina.com